L. BRISSET (O. I. (

Inspecteur de l'Enseignement

ψ ψ ψ

Leçons de Sciences

AVEC APPLICATIONS

à l'Industrie et à l'Hygiène

COURS MOYEN

PARIS

Librairie HATIER

8. Rue d'Assas, 8

PRIX : 1 fr. 50

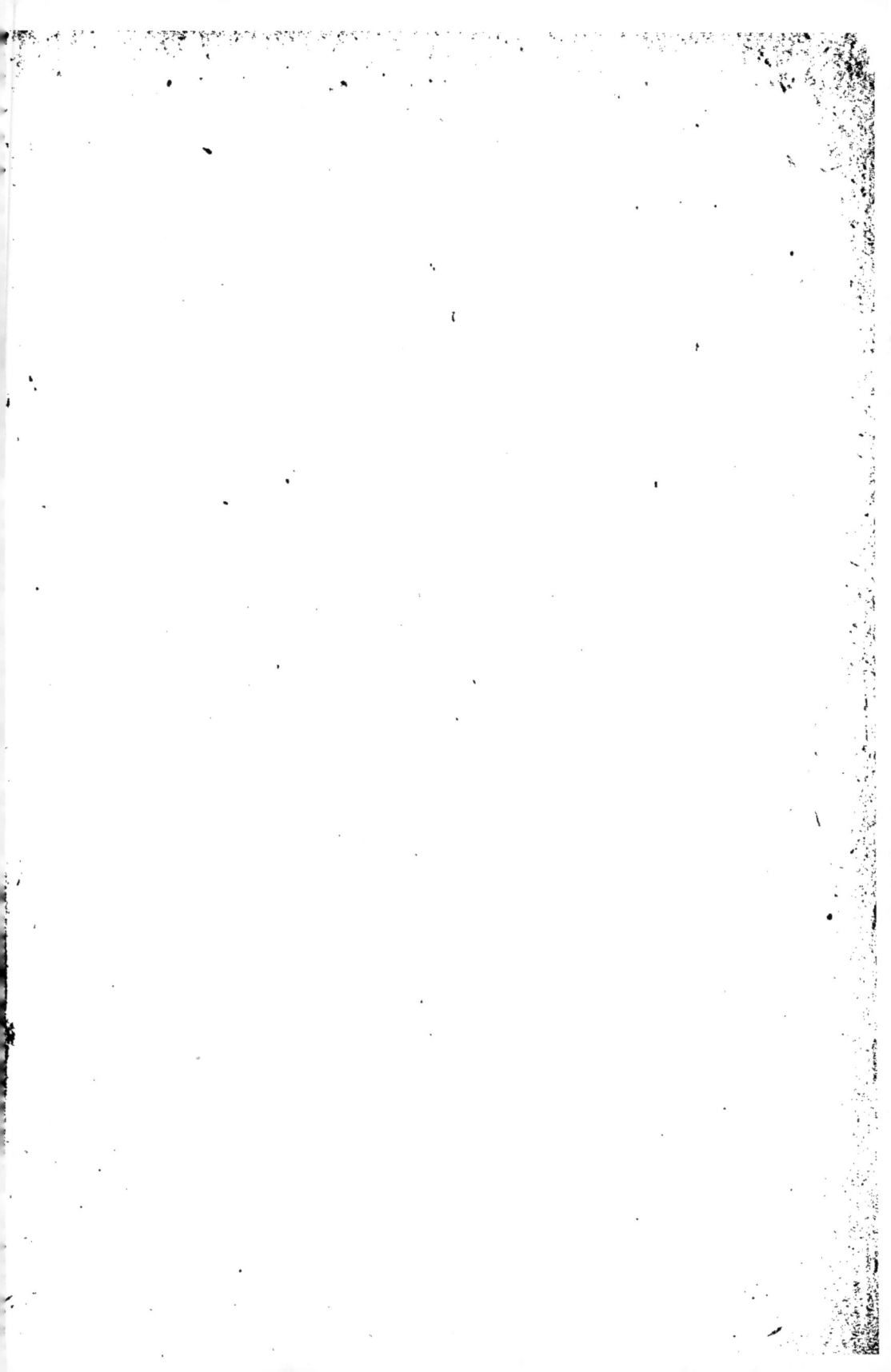

Leçons de Sciences

avec applications

à l'Industrie et à l'Hygiène

Sciences physiques et naturelles

COURS SUPÉRIEUR

Par L. BRISSET (O. I. ✿)

Inspecteur de l'Enseignement primaire.

✿ ✿ ✿

Cet ouvrage s'adresse aux élèves du cours supérieur des Écoles primaires dans lesquelles ce cours est distinct et aux élèves des cours complémentaires.

Les candidats aux examens du brevet élémentaire et au concours d'admission aux écoles normales y trouveront également tous les éléments de leur préparation.

Il est divisé en Physique, Chimie et Histoire naturelle, et chacune de ces parties ne comprend que les notions indispensables à l'explication des phénomènes que nous avons intérêt à connaître, ou aux applications de ces sciences à l'Agriculture, à l'Hygiène et à l'Industrie.

Le caractère pratique du cours moyen a été conservé : tout ce qui est théorique et trop abstrait en a été exclu.

La méthode suivie est également celle des cours précédents : *appel à l'observation* d'abord, soit au moyen des faits que les élèves peuvent voir, soit au moyen des expériences qui peuvent être faites devant eux ; *appel au jugement et au raisonnement* ensuite par l'énoncé des lois générales qui régissent les êtres et des caractères généraux qui les distinguent; *enfin, applications pratiques* qui découlent de ces lois ou des propriétés des corps.

Un volume in-16 contenant 460 pages et 600 figures, relié toile. 2.50

Inspecteur de l'Enseignement primaire

✢ ✢ ✢

Leçons de Sciences

AVEC APPLICATIONS

A L'INDUSTRIE ET A L'HYGIÈNE

Physique et Chimie, Anatomie, Zoologie, Botanique, Géologie, Industrie.

COURS MOYEN

75 Leçons, 373 Résumés et 409 figures

PARIS

Librairie HATIER

8, Rue d'Assas, 8.

1915

PRÉFACE

Dans ces nouvelles « **Leçons de sciences** », *plus spéciale-
ment destinées aux élèves des écoles urbaines, les* **notions agri-
coles** *ont été remplacées par des* **applications industrielles**
*s'adaptant mieux aux besoins des élèves et aux connaissances
pratiques qu'ils doivent acquérir à l'école.*

*L'ordre et la méthode du cours précédent ont d'ailleurs été
conservés :*

*Les notions élémentaires sur l'état des corps, sur l'air, l'eau,
l'acide carbonique, étant nécessaires pour bien comprendre un
certain nombre de phénomènes de la vie animale et végétale (respiration, nutrition), il a paru préférable de modifier, pour cette
partie, les indications du programme officiel. Rien n'empêche
d'ailleurs le maître, une fois ces premières notions étudiées (jusqu'à la 10e leçon), de mener de front l'étude des sciences physiques et celle des sciences naturelles.*

*Les leçons sont présentées en faisant surtout appel à l'obser-
vation des élèves. De nombreuses gravures, souvent théoriques
pour plus de clarté, préciseront ce que l'on veut enseigner, mieux
qu'une longue description. — Les expériences indiquées peuvent
toutes être réalisées à l'école primaire.*

*Chaque leçon est suivie d'un résumé établi dans le même ordre
que la leçon, et offrant autant de paragraphes que la leçon comprend de parties.*

*Ce résumé peut servir en même temps de questionnaire pour le
maître. Il suffit de le reprendre, sous la forme interrogative,
pour trouver les questions à poser aux élèves ; il remplacera
avantageusement le questionnaire proprement dit, en laissant au
maître une plus grande initiative.*

LEÇONS DE SCIENCES

AVEC APPLICATIONS

A L'INDUSTRIE ET A L'HYGIÈNE

NOTIONS PRÉLIMINAIRES

1. Objet des sciences physiques et naturelles. — Les sciences physiques et naturelles ont pour objet l'étude des corps de la nature. Elles nous font connaître leurs propriétés et leur organisation.

2. Les trois règnes de la nature. — Tous ces corps se distinguent les uns des autres par des différences profondes. Au premier aspect, nous distinguons une pierre ou un morceau de fer, qui sont des êtres *bruts*, *inertes* et *sans vie*, d'un chat et d'un chou qui sont au contraire des *êtres vivants*, dont le corps est formé *d'organes* qui entretiennent la vie, qui *naissent*, *s'accroissent*, se *développent* et *meurent*.

Le chat se distingue lui-même du végétal parce qu'il se *déplace*, fait des *mouvements* et qu'il *ressent* le mal qu'on lui fait, tandis que le chou est dépourvu de *mouvement* et de *sensibilité*.

Fig. 1.
Chat (animal).

Fig. 2.
Chou (végétal).

Fig. 3.
Pierre (minéral).

la nature : le **règne animal** (chat), le **règne végétal** (chou), le **règne minéral** (pierre).

3. Utilité des sciences. — L'homme qui vit au milieu de tous ces corps, cherche à les utiliser pour ses besoins.

Des animaux et des végétaux, il retire les produits qui servent à sa nourriture et à son habillement. La production des uns et des autres constitue l'**agriculture**, qui a pour objet la culture du sol et l'élevage des animaux. Pour les obtenir de la manière la plus avantageuse, il doit connaître leur organisation et leurs conditions d'existence : cette étude constitue les **sciences naturelles**.

Du règne minéral, l'homme retire les matériaux employés à la construction de ses habitations, les matières premières transformées par l'industrie et indispensables à la satisfaction de ses besoins : il a encore intérêt à connaître leurs propriétés pour en tirer le meilleur parti possible.

Enfin, animaux, végétaux et minéraux sont soumis à différentes forces extérieures : chaleur, lumière, pesanteur, électricité, dont l'action influe sur leur organisation et leurs conditions d'existence et qui peuvent les modifier.

Les **sciences physiques** ont pour objet l'étude des propriétés des corps et de l'action sur eux des forces de la nature.

4. Nous étudierons successivement dans ces leçons les sciences physiques et les sciences naturelles, avec leurs applications à l'*Agriculture*, à l'*Hygiène*, à l'*Industrie* et à l'*Économie domestique*.

RÉSUMÉ

1. Les corps de la nature se divisent en trois règnes : le *règne animal*, le *règne végétal* et le *règne minéral*.

2. Les animaux sont des êtres *vivants* qui naissent, se développent et meurent, et qui sont doués de mouvement et de sensibilité.

3. Les végétaux sont aussi des êtres vivants, mais ils ne sentent pas et ne font pas de mouvements.

4. Les minéraux sont des corps *bruts, inertes*, qui ne s'accroissent pas, et qui ne disparaissent que sous l'action d'une force extérieure.

5. L'étude des corps de la nature est utile à l'homme qui les utilise pour ses différents besoins.

DEVOIR. — *Comment distinguez-vous un animal d'un végétal et d'un minéral? Donnez des exemples.*

Sciences physiques.

1ʳᵉ LEÇON

PROPRIÉTÉS GÉNÉRALES DES CORPS

1. Les trois états des corps. — Tous les corps se présentent à nous sous trois états : ils sont **solides**, comme le fer, le bois, la pierre ; **liquides**, comme l'eau, le lait, l'huile, ou **gazeux**, comme l'air, la fumée, la vapeur d'eau.

Les solides ont une forme propre, bien déterminée, qu'ils conservent tant qu'une cause ou force extérieure ne vient pas la modifier. Ils offrent une résistance, plus ou moins grande, quand on veut en séparer les différentes parties.

Fig. 4. — Les trois états des corps.

Les liquides prennent la forme des vases qui les contiennent ; mais, quelle que soit leur forme, leur volume reste le même.

Les gaz prennent non seulement la forme des vases qui les renferment, mais ils occupent tout l'espace libre qu'ils peuvent occuper : si l'on fait communiquer une pièce remplie de fumée avec une autre pièce, les deux pièces ne tardent pas à être pleines de fumée, mais la fumée est moins épaisse.

Tandis que les différentes parties ou *molécules* d'un solide sont fortement unies entre elles, celles d'un liquide roulent facilement les unes sur les autres ; celles d'un gaz se repoussent et exercent une *pression* sur les parois des vases qui les contiennent.

2. Compressibilité et force élastique des gaz.

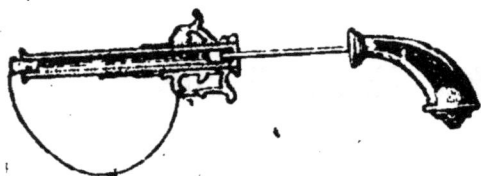

Fig. 5. — Pistolet à air.
L'air comprimé par le piston chasse violemment le bouchon.

— Le pistolet à air comprimé dont se servent les enfants, montre que les gaz sont *compressibles*, et qu'ils ont une *force élastique* qui augmente quand leur volume diminue.

3. Changement d'état des corps.

— En hiver, l'eau se transforme en glace, elle se *solidifie*; elle fond et

Glace.   Eau liquide.   Vapeur d'eau.

Fig. 6. — Changements d'état de l'eau.

se *liquéfie* quand la température s'élève. De même, un morceau de plomb fond quand on le chauffe ; en se refroidissant, il redevient solide.

L'eau placée sur le feu ou exposée à l'air disparaît sous

forme de *vapeur*. En plaçant une assiette froide dans la vapeur, au-dessus de l'eau en ébullition, cette vapeur se condense en gouttelettes *liquides*.

Les corps peuvent donc changer d'état ; et un même corps, comme l'eau, peut prendre les trois états.

RÉSUMÉ

1. Les corps se présentent à l'état *solide*, à l'état *liquide* ou à l'état *gazeux*.

2. Les corps solides ont une forme déterminée, ils sont *résistants ;* les liquides prennent la forme des vases qui les contiennent, mais leur volume reste le même pour une même quantité de liquide. Les gaz, au contraire, cherchent à occuper le plus grand espace possible ; ils sont compressibles.

3. *Les corps peuvent changer d'état :* l'eau se solidifie sous le nom de glace, et se réduit en vapeur.

DEVOIR. — *Montrez par des exemples qu'un corps peut changer d'état. — Indiquez les changements d'état de l'eau.*

❋ ❋ ❋

2e LEÇON

L'AIR

4. **Sa présence.** — Il nous semble qu'en dehors des corps que nous pouvons voir, sentir, toucher, il n'y a *rien* autour de nous ; nous disons qu'une bouteille est *vide* quand elle ne contient aucun liquide.

Cependant le vent qui fait remuer les feuilles des arbres, l'impression que nous ressentons quand on agite une feuille de carton devant notre figure, indiquent bien la présence d'un corps gazeux, invisible parce qu'il est incolore. Ce corps, c'est l'air.

Nous pouvons mettre en évidence sa présence dans cette

bouteille : en l'enfonçant dans l'eau, le goulot en bas, nous constatons que l'eau n'y pénètre pas ; elle en est empêchée par un corps qui remplit la bouteille et qui s'en échappe sous forme de bulles gazeuses quand on incline la bouteille.

Nous pouvons même recueillir ce gaz en plaçant au-

Fig. 7. — L'eau ne pénètre pas dans la bouteille renversée.

Fig. 8. — L'air s'échappe de la bouteille et peut être transvasé.

dessus un autre flacon plein d'eau, comme l'indique la figure ci-dessus.

Ce corps qui remplissait la bouteille et que nous pouvons transvaser, c'est encore de l'air.

5. **L'atmosphère**. — L'air existe donc à la surface de la terre, il pénètre partout. Il forme autour du globe une couche gazeuse au milieu de laquelle nous vivons et que l'on appelle **atmosphère**. Quand on s'élève en ballon, ou quand on fait l'ascension d'une montagne, on constate que l'air se raréfie. Au delà d'une certaine hauteur, il n'y a plus d'air. On évalue approximativement à 60 ou 80 kilomètres l'épaisseur de l'atmosphère.

6. Propriétés de l'air. — Nous avons vu que l'air est un corps gazeux, incolore et inodore. Comme tous les corps, même gazeux, il est *pesant*. On a pu déterminer son poids en pesant successivement un ballon vide, puis rempli d'air. On a trouvé que le poids d'un litre d'air était d'environ 1 gramme 3.

7. Pression atmosphérique. — En raison de ce poids, l'air exerce à la surface de la terre et sur tous les corps qui y sont placés une pression que l'on appelle **pression atmosphérique.**

Introduisons dans une carafe quelques morceaux de papier enflammés ; l'air qui y est contenu va s'échauffer, se dilater et s'échapper. Si à ce moment nous plaçons sur le goulot un œuf dur dépouillé de sa coquille, nous verrons peu à peu cet œuf s'enfoncer et pénétrer dans la carafe, poussé par la pression de l'air extérieur que ne contre-balance plus l'air intérieur sorti de la carafe.

Fig. 9. — L'œuf pénètre dans la carafe, poussé par la pression de l'air.

C'est encore la pression atmosphérique qui empêche cette feuille de papier que nous avons appliquée sur un verre plein d'eau de tomber quand on le renverse ; c'est elle qui maintient l'eau dans un tube complètement rempli et renversé sur un vase contenant de l'eau.

8. Mesure de la pression atmosphérique. — Baromètre. — En remplaçant l'eau par du mercure qui est treize fois et demie plus lourd, la colonne soulevée par la pression atmosphérique serait

Fig. 10. — La pression atmosphérique maintient la feuille de papier.

d'environ 0^m,76 de hauteur, ce qui permet de dire que la *pression atmosphérique*, exercée sur une surface détermi-née, *est équivalente au poids d'une colonne de mercure de même section et de 76 centimètres de hauteur.* Elle est d'environ *1 kg. 033* par centimètre carré.

On comprend que cette hauteur de la colonne de mer-cure doive varier suivant la pres-sion atmosphé-rique; ce sont ces variations que l'on mesure avec l'instrument ap-pelé **baromètre**.

Le baromètre se compose d'un tube disposé, comme nous l'a-vons dit pré-cédemment, sur une cuvette à mercure.

Le niveau du liquide *monte* ou *descend* dans le tube suivant que la pression atmosphérique *augmente* ou *diminue:* une graduation indique ces variations.

Le baromètre peut aussi servir à la prévision du temps. Quand le temps est à la pluie, l'air chargé d'humidité est moins dense, et le baromètre baisse. Il remonte au con-traire quand le temps est sec.

Fig. 11. — L'eau est re-foulée jusqu'au haut du tube.

Fig. 12. — Le mercure est sou-levé jusqu'à une hauteur de 0^m,76.

Fig. 13.— Baromètre ordinaire à cuvette.

RÉSUMÉ

4. L'air est un corps *gazeux* qui nous entoure et pénètre partout.

5. Il forme à la surface de la terre une couche d'environ 60 à 80 kilomètres d'épaisseur : c'est l'*atmosphère*.

6. L'air est *pesant* : un litre d'air pèse 1 gr. 3.

7. L'air exerce une *pression* à la surface de la terre : cette pression est équivalente au poids d'une colonne de mercure de 76 centimètres de hauteur.

8. Le *baromètre* est un instrument qui sert à mesurer la valeur de la pression atmosphérique ; il sert aussi à la prévision du temps.

DEVOIR. — *Montrez par des expériences que l'air exerce une pression à la surface de la terre, et dites comment on peut la mesurer.*

✳ ✳ ✳

3ᵉ LEÇON

L'AIR (*suite*).

9. Sa composition. — Dans une cloche placée sur une assiette pleine d'eau, si nous faisons brûler une bougie (ou un petit morceau de phosphore placé sur une rondelle de liège), nous constaterons au bout de quelque temps que la bougie *s'éteint*, que l'eau de l'assiette s'est élevée dans la cloche et que le volume du gaz a *diminué* d'environ 1/5.

En plongeant dans le gaz qui reste une bougie allumée, nous verrons de nouveau la bougie s'éteindre.

Fig. 14. — L'oxygène a disparu et le volume du gaz a diminué.

De cette expérience nous pouvons conclure : 1° qu'une partie de l'air a disparu pendant que la bougie brûlait ; 2° que le gaz qui a disparu entretenait la combustion ; 3° que celui qui reste n'entretient pas la combustion.

L'air est donc un corps composé, formé de deux gaz, l'un qui entretient la combustion et qui entre pour environ

1/5 dans sa composition; l'autre qui n'entretient pas la combustion et qui forme les 4/5 de l'air. Le premier est l'**oxygène**, le second est l'**azote**.

10. Oxygène. — L'oxygène est un corps très répandu dans la nature; il se

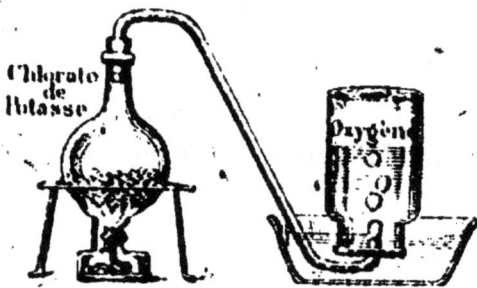

trouve combiné avec d'autres corps. En chauffant dans un petit ballon un de ses composés appelé chlorate de potasse, l'oxygène se dégage et on peut le recueillir, au moyen d'un tube à dégagement,

Fig. 15. — Préparation de l'oxygène.

dans une éprouvette ou un flacon, sur une cuve contenant de l'eau.

C'est un gaz *incolore* et *inodore*. Il a une propriété remarquable : si l'on y plonge une allumette présentant encore un point rouge, *elle se rallume et*

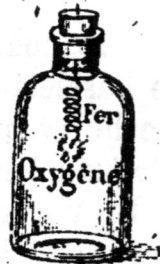

Fig. 16.   Fig. 17.   Fig. 18.

L'oxygène entretient et active la combustion.

brûle rapidement; un fil de fer chauffé au rouge, un morceau de charbon y brûlent également avec une grande vivacité et donnent naissance à de l'oxyde de fer (formé de fer et d'oxygène) ou à du gaz carbonique (formé de carbone et d'oxygène). *Il entretient et* **active la combustion.**

11. Composés de l'oxygène, acides, bases. — Un très grand nombre de corps peuvent ainsi se combiner à l'oxygène. Les uns, comme le soufre, le charbon, donnent des composés *acides* qui ont une saveur piquante et qui rougissent la teinture bleue de tournesol ; les autres, comme les métaux, donnent des *oxydes* qui ramènent au bleu la teinture de tournesol rougie par un acide ; on les appelle des *bases*. Les acides et les bases se combinent facilement entre eux pour donner des *sels*.

12. Azote. — L'azote, comme nous l'avons vu, est un gaz incolore et ino-dore comme l'oxygène, *mais il n'entretient ni la combustion, ni la vie :* un animal intro-duit sous une cloche contenant de l'azote y mourrait. C'est un corps *inerte* qui, dans l'air, tempère l'action trop vive de l'oxy-gène.

Fig. 19. — L'azote n'entretient ni la combustion, ni la respiration.

Il a des composés importants : l'*acide azotique* qui est un acide énergique, l'*ammoniaque* qui est une base.

13. Autres corps contenus dans l'air. — L'air contient également, mais en petite quantité, quelques autres corps : de l'*acide carbonique*, de la *vapeur d'eau* en quantité variable. Il contient aussi des matières solides en suspension ; on les aperçoit facilement quand un rayon lumineux traverse une chambre obscure. Parmi ces poussières, il y a des êtres vivants qui peuvent se déve-lopper et donner naissance à des maladies graves comme la tuberculose. On se préserve de ces *germes* ou **microbes,**

on aérant fréquemment, et en répandant dans l'air certaines substances (comme le phénol, l'acide sulfureux, le chlore) qui les détruisent.

RÉSUMÉ

9. L'air est un corps composé : il est formé d'un gaz qui entretient la combustion, c'est l'*oxygène*, et d'un autre gaz qui n'entretient ni la combustion ni la respiration, c'est l'*azote*. Il y a une partie d'oxygène contre quatre parties d'azote.

10. L'oxygène brûle les corps ; c'est un *comburant*.

11. Il brûle les corps en se combinant avec eux : les composés qu'il forme sont des *acides* ou des *bases*. Les acides et les bases donnent des *sels*.

12. L'azote est un corps *inerte*. Dans l'air, il tempère l'action de l'oxygène.

13. L'air contient encore de l'*acide carbonique* et de la *vapeur d'eau*.

DEVOIR. — *Montrez, en citant une expérience, que l'air est un corps composé, et dites quelle est sa composition.*

✻ ✻ ✻

4ᵉ LEÇON

COMBUSTION ET RESPIRATION

14. Combustion. — L'air et l'oxygène sont donc des gaz qui *brûlent* les corps *combustibles* en s'unissant à eux. La combustion dans l'oxygène est beaucoup plus vive que dans l'air à cause de la présence dans ce dernier de l'azote qui est impropre à la combustion.

Ceci nous explique pourquoi on souffle le feu quand on veut l'activer : la combustion du bois ou du charbon sera d'autant plus vive que la quantité d'oxygène sera plus grande. On l'augmente en soufflant avec un soufflet, ou, dans les cheminées, en baissant le tablier pour établir un courant d'air, dans les poêles, en augmentant le tirage au moyen d'une clef placée en travers du tuyau.

On éteint au contraire les feux de cheminée en empê-

Fig. 20. — On active la combustion en soufflant le feu.

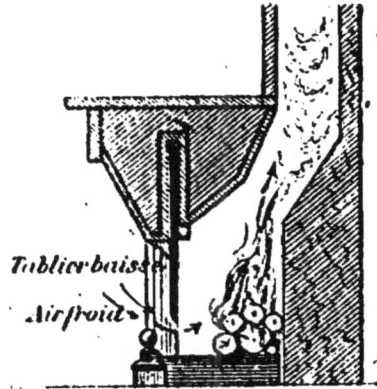

Fig. 21. — Le tablier baissé force l'air à passer sur le bois qui brûle.

chant l'air d'arriver au moyen d'une couverture ou d'un drap mouillé placé devant la cheminée.

Dans les lampes, le tirage est produit au moyen d'un verre qui entoure la flamme et d'ouvertures pratiquées au-dessous du bec pour laisser pénétrer l'air.

15. Produits de la combustion. — Tout corps qui brûle dans l'air se *combine* avec l'oxygène. Les produits de cette combustion sont des corps composés d'oxygène et du corps combustible. Le charbon donne naissance à un composé oxygéné du charbon, c'est le gaz carbonique. Cette combinaison se fait avec un dégagement de chaleur et de lumière. — Le fer exposé à l'air se combine à l'oxygène pour donner de l'oxyde de fer, comme dans le cas de la combustion du fer dans l'oxygène, mais ici il n'y a pas de dégagement apparent de chaleur, ni de lumière : c'est une *combustion lente* appelée ainsi par opposition aux combustions vives.

16. Respiration. — L'air est aussi nécessaire à la vie des animaux et des végétaux. Un animal, une plante mourraient s'ils étaient privés d'air. Nous étudierons plus tard comment, par la respiration, nous introduisons l'air dans notre corps et comment il en est rejeté par l'expiration, mais nous pouvons dire dès maintenant que le gaz rejeté ne contient plus autant d'oxygène et qu'il renferme du gaz carbonique.

Nous voyons l'analogie qui existe entre les produits de la combustion et ceux de la respiration : *la respiration n'est pas autre chose qu'une combustion lente.*

17. Applications à l'hygiène. — De même qu'il faut renouveler l'air pour assurer une bonne combustion, nous devons aussi renouveler l'air pour la respiration. Dans une pièce bien close et habitée par plusieurs personnes, l'oxygène est vite épuisé et remplacé par le gaz carbonique. C'est pour cela qu'il est nécessaire d'ouvrir les fenêtres et d'aérer largement les salles de classe, les chambres à coucher, même les chambres de malades, en prenant des précautions pour éviter le refroidissement.

18. Applications à l'agriculture. — Les plantes respirent comme les animaux, et l'air est aussi nécessaire à la vie de la plante qu'à celle de l'animal. Les labours, les hersages et les binages, entre autres effets, ont pour objet de faire arriver l'air aux graines et aux racines des plantes.

RÉSUMÉ

14. La combustion d'un corps dans l'air est la *combinaison* de ce corps avec l'oxygène de l'air. — On active la combustion en faisant arriver un courant d'air sur le corps qui brûle.

15. Les produits de la combustion sont des composés de l'oxygène avec le corps qui brûle. — La combustion est *vive* quand elle a lieu avec dégagement de lumière; elle est *lente* dans le cas contraire.

16. La *respiration* des animaux et des végétaux est une *combustion lente*.

17. L'air doit être renouvelé dans les appartements pour chasser les produits de la respiration et fournir une nouvelle quantité d'oxygène.

18. Les plantes ont besoin d'air comme les animaux.

DEVOIRS. I. — *Qu'est-ce que la combustion? Montrez l'analogie qui existe entre la combustion et la respiration.*

II. — *Quelles sont les causes qui peuvent vicier l'air d'un appartement? Comment peut-on y remédier?*

✳ ✳ ✳

5e LEÇON

GAZ OU ACIDE CARBONIQUE

19. Le gaz carbonique dans la nature. — Nous avons dit que le gaz carbonique se produisait dans la *combustion* du charbon, dans la *respiration* des animaux et des végétaux. Il se produit encore dans la *décomposition* des matières organiques et dans les *fermentations*, comme celle qui se produit dans la fabrication du vin.

Ceci explique sa présence dans l'air, et il semble même qu'il devrait s'y trouver en quantité beaucoup plus considérable et toujours croissante. Il n'en est rien parce que, comme nous le verrons plus tard, les végétaux l'absorbent pour leur nourriture, au moyen des feuilles, et limitent par conséquent la quantité d'acide carbonique contenue dans l'air.

20. Combinaisons du gaz carbonique. — Le gaz carbonique se trouve en outre combiné avec d'autres corps, comme la chaux, et forme des *carbonates*.

Si nous versons un acide, du fort vinaigre par exemple, sur un morceau de craie ou de marbre, il se produit une effervescence causée par le dégagement d'un gaz qui est du gaz carbonique.

Fig. 22. — L'acide carbonique s'échappe de la craie ou du marbre quand on y verse du vinaigre.

21. Préparation du gaz carbonique. — Nous pouvons préparer de cette manière le gaz carbonique. Dans un flacon contenant des morceaux de marbre, nous versons de l'acide chlorhydrique. Il se produit un vif dégagement de gaz que nous recueillerons dans un flacon au moyen d'un tube à dégagement.

Oaz Carbonique

Fig. 23.
Préparation du gaz carbonique.

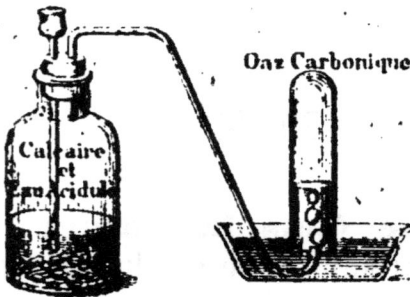

22. Propriétés. — C'est un gaz incolore, inodore, ce qui ne permet pas tout d'abord de reconnaître sa présence. Mais, si nous plongeons une bougie allumée dans ce gaz, elle s'éteint : *il n'entretient donc pas la combustion.*

Un oiseau enfermé dans un flacon contenant du gaz carbonique, périt asphyxié : *il n'entretient pas la vie.*

Quand on y verse de l'eau de chaux, elle se trouble parce qu'il se forme un carbonate de chaux insoluble. Le gaz carbonique est *plus*

Acide Carbonique

Eau de Chaux

Fig. 24.— Une bougie s'éteint dans le gaz carbonique.

Fig. 25. — Le gaz carbonique trouble l'eau de chaux.

Fig. 26. — Le gaz carbonique est plus lourd que l'air.

Fig. 27. — La bougie brûle dans la partie supérieure du flacon et s'éteint dans la partie inférieure qui renferme du gaz carbonique.

lourd que l'air; il reste à la partie inférieure des lieux qui en renferment.

23. Applications à l'hygiène. — Comme le gaz carbonique est impropre à la vie, il peut y avoir du danger à pénétrer dans un milieu qui en contient. On peut s'assurer de sa présence en y plongeant une bougie allumée. Si la bougie s'éteint, c'est que le gaz carbonique y est en trop grande quantité pour entretenir la combustion et la respiration. On doit aérer avant d'y entrer.

24. Applications à l'agriculture. — Le gaz carbonique joue un rôle extrêmement important dans la nutrition des plantes. Au moyen des parties vertes de la tige et des feuilles, et sous l'action de la lumière solaire, les végétaux *décomposent le gaz carbonique de l'air, s'emparent du carbone et rejettent l'oxygène.* Le carbone ainsi absorbé constitue le charbon qui forme la partie principale du végétal.

RÉSUMÉ

19. Le gaz carbonique est le produit de la *combustion* du charbon et le résidu de la *respiration* des animaux et des végétaux : de là sa présence dans l'air.

20. Il existe aussi à l'état de combinaison dans les *carbonates*, comme le calcaire ou carbonate de chaux.

21. C'est de là qu'on l'extrait en versant sur le calcaire un acide comme l'acide chlorhydrique.

22-23. Il *n'entretient pas la combustion* et est *impropre à la vie*. Il est plus *lourd* que l'air; il *trouble l'eau de chaux*.

24. Le gaz carbonique de l'air sert à nourrir les plantes.

DEVOIR. — *Quelles sont les principales sources de production du gaz carbonique? Quelles sont ses propriétés, quel rôle joue-t-il dans la vie des végétaux?*

✳ ✳ ✳

6ᵉ LEÇON

L'EAU; ÉTAT NATUREL. — SES TROIS ÉTATS

25. État naturel. — L'eau est un corps très répandu dans la nature et aussi indispensable que l'air à la vie des plantes et des animaux. Elle forme à la surface de la terre les mers, les fleuves, les rivières, les lacs, etc.

26. État liquide. — Nous avons vu que l'eau peut prendre les trois états, solide, liquide ou gazeux. Mais c'est à l'état liquide qu'elle se trouve ordinairement.

L'eau à l'état liquide est incolore quand elle est vue sous une faible épaisseur; en masse profonde elle est bleu verdâtre; elle est inodore quand elle est pure; elle a une légère saveur qui permet de distinguer les eaux de sources différentes. — Un litre d'eau pèse 1 kilogramme.

27. État gazeux. — L'eau chauffée ou simplement exposée à l'air, se vaporise ; chauffée à 100°, elle entre en ébullition et se réduit également en vapeur. L'évaporation se fait à toute température à la surface des mers et des fleuves ; la vapeur d'eau produite se répand dans l'air.

Elle se fait d'autant plus rapidement que la température est plus élevée, que la surface du liquide est plus étendue et que l'air en contact avec le liquide se renouvelle plus fréquemment. Aussi l'évaporation est-elle plus abondante en été qu'en hiver ; les marais salants sont des bassins larges et peu profonds, ainsi disposés pour favoriser l'évaporation ; le linge mouillé sèche plus rapidement quand il fait du vent que si l'air est calme.

28. Nuages, pluie, brouillard, rosée. — La vapeur d'eau qui se forme s'élève dans l'air, se refroidit et se condense en gouttelettes liquides très fines qui forment les *nuages*. Qu'un courant d'air froid ou une autre cause active cette condensation, les gouttelettes grossissent et tombent en *pluie*.

Le même phénomène de condensation se produisant à la surface d'un lac, d'un fleuve ou d'une rivière, nous aurons un *brouillard* qui n'est autre chose qu'un nuage peu élevé.

Pendant la nuit, la surface de la terre se refroidit plus vite que la couche d'air qui l'environne. La vapeur d'eau en contact avec les objets placés à la surface du sol se condense et les recouvre de *rosée*.

29. État solide. — L'eau se solidifie quand la température se refroidit et descend au-dessous de *zéro*. Elle forme de la *glace*. En passant à cet état l'eau augmente de volume. Ainsi une bouteille pleine d'eau soumise à la gelée se brise quand l'eau se solidifie ; les corps de pompe et les tuyaux qui conduisent l'eau éclatent souvent en hiver quand on n'a pas soin de les préserver de la gelée.

30. Neige, gelée blanche, givre, verglas. —

La congélation des gouttelettes d'eau qui forment les nuages donne naissance à la *neige*. La *gelée blanche* est formée par la congélation de la rosée. On la considère avec raison comme un signe de pluie parce qu'elle indique l'abondance de la vapeur d'eau dans l'air.

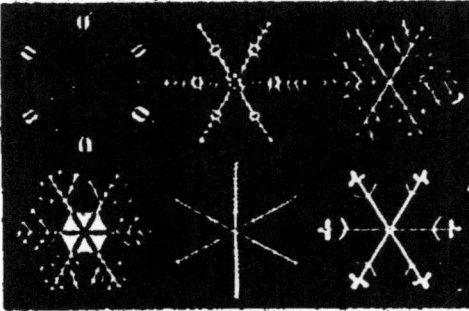

Fig. 28. — Différentes formes de cristaux de neige et de glace.

Le *grésil*, le *verglas*, la *grêle* sont encore produits par la

Fig. 29. — Circulation de l'eau dans la nature.

congélation de l'eau des nuages qui se solidifie en tombant ou en arrivant à la surface du sol.

31. Circulation de l'eau dans la nature. —

En résumé, nous voyons que l'eau accomplit un *circuit* dans la nature, sous ses différents états. Liquide dans les mers et dans les fleuves, elle se transforme en vapeur et forme les nuages. Puis elle se condense et se résout en pluie ou en neige qui donnent naissance aux sources, et forment les ruisseaux, les rivières et les fleuves. Enfin elle revient à la mer, c'est-à-dire à son point de départ.

RÉSUMÉ

26. L'eau se présente le plus souvent à l'état *liquide* : elle forme les mers, les fleuves, les rivières.

27. Exposée à l'air ou chauffée, elle se change en *vapeur* et va former les nuages.

28. La condensation des nuages par le refroidissement produit la *pluie*.

Le *brouillard* est produit par la formation d'un nuage près de la surface du sol.

La *rosée* est due à la condensation de la vapeur d'eau de l'air, à la surface des objets placés sur le sol.

29. Le refroidissement de l'eau donne de la *glace*.

30. La neige est produite par la *congélation* des gouttelettes d'eau des nuages.

31. L'eau accomplit un circuit dans la nature sous ses différents états.

DEVOIR. — *Dites sous quels états se présente l'eau dans la nature, et montrez les différentes transformations d'une goutte d'eau?*

✳ ✳ ✳

7ᵉ LEÇON

L'EAU; SA COMPOSITION. — HYDROGÈNE

32. Composition de l'eau. — Si nous introduisons rapidement sous l'eau un charbon enflammé, nous voyons se dégager à travers le liquide des bulles gazeuses que nous pouvons recueillir sous une cloche. C'est donc que l'eau a été décomposée. Le gaz ainsi recueilli est un de ses éléments. Il est incolore et inodore, mais il s'enflamme au contact d'une allumette enflammée. Il brûle avec une flamme pâle et produit en brûlant de la vapeur d'eau qui se condense sur les parois du vase. Ce gaz est de l'*hydrogène*. Si nous nous souvenons que la combustion d'un corps dans l'air est la combinaison de ce corps avec l'*oxygène*, nous en conclurons que *l'eau est un corps composé, formé d'oxygène et d'hydrogène.*

Fig. 30. — L'eau est décomposée par le charbon ; l'hydrogène se dégage.

D'autres expériences permettent de recueillir séparément les deux gaz provenant de la décomposition de l'eau et nous montrent que l'eau est formée de 2 volumes d'hydrogène contre 1 volume d'oxygène.

33. Hydrogène. — Nous pouvons d'ailleurs décomposer l'eau par d'autres moyens et recueillir l'hydrogène produit.

Dans un flacon disposé comme l'indique la figure ci-contre, plaçons de l'eau et quelques morceaux de zinc ; versons un peu d'acide sulfurique, il se dégage un gaz que nous re-

Fig. 31. — Préparation de l'hydrogène.

cueillerons dans des éprouvettes placées sur une cuve à eau.

Ce gaz a les propriétés que nous avons indiquées dans notre première expérience : il est incolore et inodore. —

En remplaçant le tube à dégagement par un tube effilé, nous pourrons enflammer le gaz à sa sortie du tube, et en plaçant une soucoupe froide au-dessus de la flamme nous verrons se former des gouttelettes d'eau : l'eau décomposée se reforme par la combustion de l'hydrogène.

L'hydrogène est un gaz très léger qui est employé au gonflement des ballons. A volume égal, il pèse 14 fois et demie moins que l'air.

Fig. 32. — L'hydrogène en brûlant donne de l'eau.

34. Corps dissous dans l'eau. — Quand on plonge certains corps, comme le sucre, le sel, dans l'eau, ils fondent et disparaissent peu à peu, on dit qu'ils se *dissolvent*.

En faisant évaporer l'eau de la dissolution on retrouve le corps solide, au fond du vase, avec le même poids.

L'eau dissout donc certains corps qui sont appelés corps *solubles ;* elle n'en dissout pas d'autres qui sont *insolubles.* Elle peut dissoudre des gaz aussi bien que des solides : l'air, le gaz carbonique sont dissous par l'eau en petite quantité. L'eau de pluie, en traversant l'atmosphère, en coulant à la surface du sol et en pénétrant dans la terre, dissout les corps solubles qu'elle rencontre. Aussi les eaux de puits, de sources, de rivières contiennent en

Fig. 33. — L'hydrogène s'enflamme au contact de la bougie, mais n'entretient pas la combustion.

dissolution certaines substances solides, particulièrement des sels de chaux.

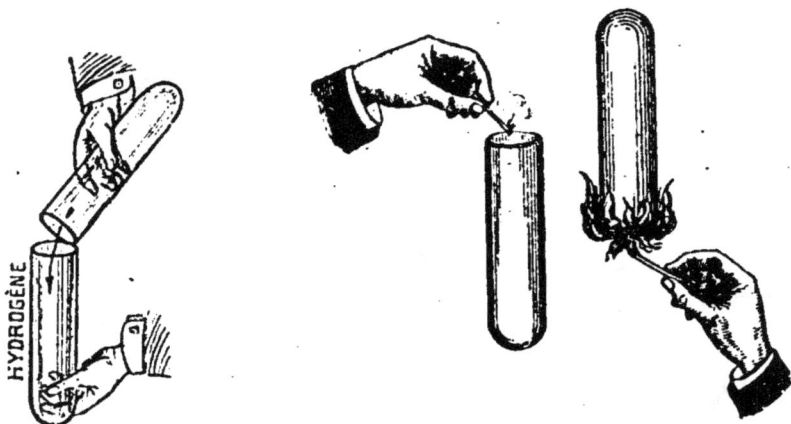

Fig. 34. — L'hydrogène est plus léger que l'air.

L'eau de pluie n'en contient pas, mais, en revanche, elle peut contenir en suspension des matières ou poussières très fines qu'elle rencontre dans l'air.

Fig. 35. — Distillation de l'eau.

35. Distillation; eau distillée. — Si l'on fait bouillir de l'eau et si l'on recueille la vapeur dans un vase refroidi où elle se condense, on obtient de l'eau dépourvue des corps en dissolution ou en suspension. C'est de l'*eau distillée*.

RÉSUMÉ

32. L'eau est formée par la combinaison de deux gaz, l'*oxygène* et l'*hydrogène*. Il y a 2 volumes d'hydrogène pour 1 volume d'oxygène.

33. L'hydrogène est un gaz *inflammable,* mais qui n'entretient pas la combustion. Il est 14 fois et demie plus *léger* que l'air.

34. L'eau peut *dissoudre* un certain nombre de corps solides comme des sels de chaux, ou gazeux comme l'air et le gaz carbonique.

35. La distillation débarrasse l'eau des corps qu'elle peut contenir : l'eau distillée est pure.

DEVOIR. — *Quelle est la composition de l'eau et quels sont les corps qu'elle contient en dissolution?*

Comment peut-on obtenir de l'eau pure?

❋ ❋ ❋

8e LEÇON

USAGES DE L'EAU

36. Usages domestiques. — L'eau est employée à un grand nombre d'usages. Elle est surtout utile à l'homme comme boisson; c'est la meilleure et la plus saine de toutes les boissons. — Elle sert encore à la cuisson des aliments et au lavage du linge.

37. Conditions d'une eau potable. — Pour ces différents usages, toutes les eaux ne sont pas bonnes. On appelle *eau potable* celle qui peut servir aux usages domestiques. Une bonne eau potable doit être limpide, fraîche, aérée, sans odeur, d'une saveur faible et agréable.

L'eau contient souvent des *sels de chaux*. En petite quantité ces sels sont utiles dans l'alimentation de l'homme et des animaux parce que, comme nous le verrons, ils servent à la formation des os, mais ils deviennent nuisibles quand ils sont trop abondants. Les eaux chargées de sels calcaires sont malsaines; de plus elles cuisent mal les légumes qu'elles durcissent : elles ne dissolvent pas le savon dans le blanchissage du linge. Les ménagères les appellent eaux dures ou eaux séléniteuses.

Les *matières organiques* rendent aussi l'eau impropre à l'alimentation ; elles contiennent des *germes* ou *microbes* qui, en se développant, quand on les absorbe, peuvent causer des maladies graves, comme la fièvre typhoïde.

38. Comment on peut rendre l'eau potable.
— Il est possible de purifier l'eau en la *filtrant* ou en la *faisant bouillir*.

On filtre l'eau en la faisant passer sur des couches alternatives de sable et de charbon qui retiennent les ma-

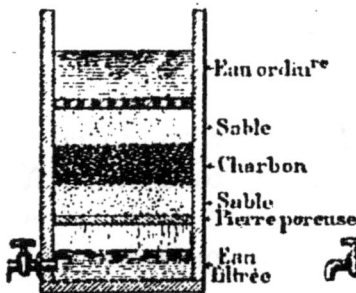

Fig. 36. — Filtre à charbon.

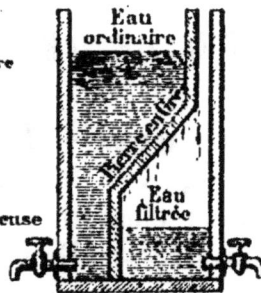

Fig. 37. — Filtre en grès.

Fig. 38. — Filtre en porcelaine.

tières en suspension et les gaz en dissolution : les filtres en grès ou en porcelaine donnent encore de meilleurs résultats.

Ils sont cependant insuffisants pour retenir les microbes ou ferments qui peuvent se trouver dans l'eau. L'ébullition seule peut les faire disparaître. Aussi, en cas d'épidémie, et quand on a des doutes sur la nature de l'eau, doit-on la faire bouillir pendant une dizaine de minutes. A la température d'ébullition, c'est-à-dire à 100°, les germes sont détruits.

L'eau bouillie est privée d'air, on doit l'aérer largement avant de s'en servir.

39. Applications dans l'industrie. — L'eau est employée à de nombreux usages dans l'industrie. A l'état de vapeur, elle sert à faire marcher les machines. A l'état liquide, elle fait tourner les moulins. Elle sert enfin au transport des bateaux.

RÉSUMÉ

36. L'eau est surtout employée comme *boisson*. Elle sert aussi au lavage du linge et à un grand nombre d'autres usages.

37. L'eau *potable* employée aux usages domestiques ne doit pas contenir de matières organiques et peu de sels de chaux.

Les eaux qui contiennent des sels de chaux en trop grande quantité sont malsaines ; elles ne cuisent pas les légumes et ne dissolvent pas le savon. Celles qui contiennent des matières organiques sont dangereuses à boire.

38. La *filtration* peut débarrasser l'eau d'une partie de ces matières ; mais l'*ébullition* seule peut les faire disparaître complètement.

39. L'eau est encore employée dans l'industrie, comme force motrice, pour mettre en mouvement les machines.

DEVOIR. — *Quelles sont les qualités d'une eau potable ? Comment peut-on purifier l'eau ?*

⁂ ⁂ ⁂

9ᵉ LEÇON

L'EAU EN AGRICULTURE

40. L'eau est nécessaire aux végétaux. — L'eau est aussi indispensable à la vie des plantes qu'à l'alimentation de l'homme et des animaux.

Pour dissoudre les aliments solides qui ne peuvent être

absorbés qu'à l'état liquide, pour la germination des graines et pour la constitution des tissus végétaux qui en renferment une forte proportion, l'eau est nécessaire.

41. Absorption et évaporation. — L'absorption constante de l'eau du sol par les plantes peut être mise en évidence par l'expérience suivante :

Dans un flacon rempli d'eau, plongeons un pied vigoureux d'un végétal, et fermons hermétiquement le goulot avec de la cire ou de la terre glaise pour empêcher toute évaporation ; au bout de quelques jours, le niveau de l'eau dans le flacon aura baissé sensiblement montrant la quantité du liquide qui a été absorbée par la plante.

Fig. 39. — Le végétal absorbe l'eau par les racines.

Fig. 40. — L'eau s'évapore par les feuilles.

Par contre, si nous recouvrons d'une cloche un végétal bien garni de feuilles, nous constaterons au bout de peu de temps, sur la paroi intérieure de la cloche, de nombreuses gouttelettes d'eau produites par l'évaporation à travers les feuilles de la plante.

42. Eaux de pluie et arrosages. — La pluie qui tombe des nuages suffit en général pour donner la quantité d'eau nécessaire à l'agriculture. Dans certains cas, cependant, il est utile de suppléer au défaut de pluie par d'autres moyens. Ces moyens sont l'*arrosage* pour les jardins et la petite culture, les *irrigations* pour l'agriculture.

L'évaporation qui se fait pendant l'été à la surface de la terre enlève au sol une partie de l'eau qu'il renferme. L'expérience montre que cette évaporation se fait beaucoup plus rapidement dans un sol tassé et compact que dans un terrain meuble. De là l'avantage des binages fréquents, ce qui fait dire qu'un binage vaut un arrosage.

43. Irrigations. — Pour certaines cultures, en particulier les prairies, on pratique des *irrigations* : on creuse des rigoles en suivant une pente douce pour amener l'eau de la partie la plus élevée dans toutes les parties de la prairie à arroser.

44. Drainages. — S'il faut aux plantes une quantité d'eau suffisante, un excès d'eau serait nuisible à la végétation. Dans les terrains bas et humides, constitués par

Fig. 41. — Différentes sortes de drains.

un sol imperméable comme l'argile, l'eau séjourne et fait pourrir les racines.

On remédie à ce défaut en pratiquant des *drainages*. On creuse à une certaine profondeur des fossés, en suivant la pente du terrain. On place au fond des *drains* ou conduits qui recueillent l'eau et la conduisent en dehors du champ *drainé*. Ces drains sont constitués par des tuyaux en poterie poreuse ou par de petites canalisations en pierres platés, ou plus simplement encore par des cailloux concassés qui laissent l'eau s'écouler à travers leurs interstices.

Les irrigations et les drainages ont une grande importance en agriculture ; le cultivateur soucieux de ses intérêts ne doit pas manquer de les pratiquer, quand cela est nécessaire.

RÉSUMÉ

40. L'eau joue un rôle extrêmement important en agriculture : elle est *indispensable* à la vie des plantes.

41. Les végétaux l'*absorbent* par leurs racines ; elle traverse les tissus de la plante et s'*évapore* par les feuilles.

42-43. L'eau de pluie, les *arrosages*, les *irrigations* fournissent aux plantes l'eau qui leur est nécessaire.

44. Un excès d'eau nuirait cependant à la végétation : on enlève cette eau au moyen des *drainages*.

DEVOIR. — *Quel est le rôle de l'eau en agriculture? Drainages et irrigations.*

❋ ❋ ❋

10ᵉ LEÇON

LA CHALEUR

45. Le chaud et le froid. — Nous disons qu'il fait froid ou qu'il fait *chaud*, qu'un corps est froid ou chaud suivant les impressions que nous ressentons. Cette impression dépend de l'état du corps et de celui de nos organes : nous jugeons par comparaison. Une cave nous paraît fraîche en été et chaude en hiver, parce que nous venons du dehors et que nos organes ont subi d'abord l'impression de l'air extérieur.

Le chaud et le froid sont donc causés par des différences de température.

46. Différentes sources de chaleur. — La chaleur nous vient du soleil. Pendant l'été, ses rayons nous chauffent plus fortement que pendant l'hiver parce qu'ils nous arrivent plus directement. C'est pour la même raison qu'il fait plus chaud quand nous nous rapprochons de l'équateur, et plus froid quand nous allons vers les pôles.

Les corps en brûlant nous donnent également de la chaleur, c'est la *chaleur de combustion*. Nous verrons prochainement comment nous produisons et utilisons cette chaleur dans les appareils de chauffage, et quels sont les corps employés comme *combustibles*.

47. Effets de la chaleur. Dilatation. — Quand

on chauffe les corps, ils subissent certaines modifications : une barre de fer chauffée s'allonge, c'est la *dilatation;* un morceau de soufre fond, c'est un *changement d'état* du corps.

Fig. 42. — La barre de fer chauffée s'allonge.

Dilatation et changements d'état, tels sont les deux principaux effets produits par la chaleur sur les corps.

Plaçons une tige de fer fixée à une de ses extrémités et mobile à l'autre, comme l'indique la figure ci-dessus. Si nous la chauffons, l'allongement pourra être mis en évidence au moyen d'une aiguille placée à l'extrémité mobile.

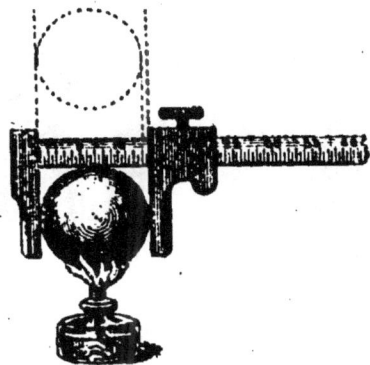

Un sou, une boule de cuivre

Fig. 43. — Dilatation d'une boule.

chauffés augmentent également de diamètre : la dilatation des solides se fait en longueur, en surface et en volume.

Les liquides se dilatent, eux aussi. Si nous prenons un ballon rempli d'eau et fermé par un bouchon traversé d'un tube en verre, nous verrons le liquide monter dans ce tube, quand nous plongerons le ballon dans l'eau chaude.

La dilatation des gaz est encore plus apparente : une vessie fermée, à moitié pleine d'air, se gonfle quand on la chauffe. L'air d'un ballon disposé comme précédemment se dilate, et une goutte de liquide coloré, dans le tube, indique cette dilatation quand on chauffe le ballon.

Fig. 44. — Dilatation d'un liquide.

48. Applications de la dilatation. — Thermomètre. — On tient compte de la dilatation des corps ou

Fig. 45. — On laisse un petit intervalle entre les rails pour permettre la dilatation.

Fig. 46. — On chauffe le cercle pour faire entrer la roue. En s'échauffant, le cercle se dilate; en se refroidissant, il se contracte.

on la met à profit dans un grand nombre de circonstances

Ainsi, dans la pose des rails de chemin de fer, on laisse entre eux un petit espace de quelques millimètres pour qu'ils puissent s'allonger sans s'arc-bouter.

Dans les constructions métalliques composées de pièces assemblées, comme les ponts, les grilles, les chaudières à vapeur, les couvertures en tôle ou en zinc, on laisse un peu de jeu à ces pièces pour leur permettre de se dilater sans se déformer.

Le forgeron qui veut ferrer une roue chauffe le cercle en fer qu'il a fabriqué d'un dia-mètre un peu plus petit que celui de la roue. Le cercle se *dilate* et la roue peut entrer. En se refroi-dissant, il se *contracte,* en resser-rant les différentes pièces de la roue et en les consolidant.

Le **thermomètre,** qui sert à *mesurer* la température, est éga-lement une application de la dila-tation. Il se compose d'un réser-voir et d'un tube fin contenant un liquide, *mercure* ou *alcool.* Quand le liquide *s'échauffe,* il se dilate

Fig. 47. — Thermomètre.

et *monte* dans le tube; quand il se *refroidit,* il diminue de volume et *baisse.*

On peut ainsi constater les variations de température et les mesurer en établissant des divisions. Pour cela, on le *gradue* : on marque 0° au point où s'arrête le liquide quand le thermomètre est plongé dans la *glace fondante,* et 100° à l'endroit indiqué par le niveau du liquide dans la *vapeur d'eau bouillante.* L'intervalle est divisé en 100 parties égales ou *degrés ;* la graduation se continue au-dessous de zéro pour les basses températures.

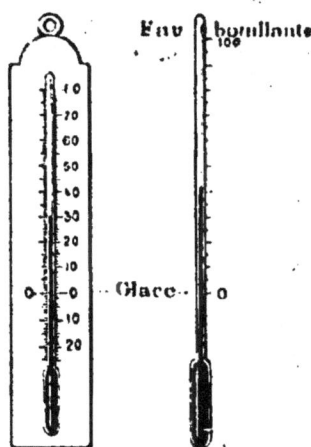

49. Changements d'état des corps. — Quand on

chauffe un morceau de plomb ou de soufre, il se dilate d'abord, puis il *fond* et devient *liquide*. Quand on chauffe de l'eau ou de l'alcool, ces corps se transforment en *vapeur* et prennent l'*état gazeux*. La chaleur a donc encore pour effet d'opérer un **changement d'état des corps**.

Le passage d'un corps solide à l'état liquide, sous l'action de la chaleur, est la fusion. En se refroidissant, le

Fig. 48. — Le soufre chauffé fond et devient liquide.

Fig. 49. — L'eau chauffée se *vaporise*; refroidie, elle se *condense*.

corps fondu se **solidifie**. Pour un même corps, la fusion et la solidification ont lieu à la même température.

Le passage d'un liquide à l'état de vapeur est la **vaporisation**, qui a lieu par *évaporation* ou par *ébullition*. La vapeur refroidie se **condense** et repasse à l'état liquide.

RÉSUMÉ

45. Les impressions de *chaud* et de *froid* que nous ressentons sont causées par des *différences de température* entre nos organes et les corps environnants.

46. Le *soleil* est la source naturelle de la chaleur; la *combustion* des corps produit aussi de la chaleur.

47. La chaleur produit sur les corps certains effets; elle les *dilate* et elle les fait *changer d'état*.

48. La dilatation se fait en longueur, en surface et en volume dans les corps solides ; elle est plus grande pour les liquides que pour les solides, et pour les gaz que pour les liquides. — Le *thermomètre* qui sert à mesurer la chaleur, est une application de a dilatation des liquides.

49. Les changements d'état des corps sont la *fusion* et la *vaporisation*.

DEVOIR. — *Montrez par des expériences quels sont les effets de la chaleur sur les corps.*

✳ ✳ ✳

11ᵉ LEÇON

PROPAGATION DE LA CHALEUR. — APPLICATIONS

50. Comment se propage la chaleur. — La chaleur du soleil nous arrive à travers l'espace, vide d'air, qui le sépare de la terre, et nous sentons la chaleur du foyer à travers l'air de la pièce. La chaleur se transmet donc aussi bien à travers le vide qu'à travers les gaz, par *rayonnement*.

51. Conductibilité des corps. — La chaleur se propage aussi à travers les corps solides ou liquides plus ou moins apidement. Une barre de fer chauffée à l'une de ses extrémités s'échauffe presque en même temps dans toute sa longueur. Au contraire, on peut tenir un morceau de bois enflammé à l'autre

Fig. 50. — On garnit d'une étoffe de laine la poignée du fer à repasser.

bout, sans ressentir de chaleur. Il y a donc des corps

bons conducteurs de la chaleur et d'autres *mauvais conducteurs*. Le fer, le cuivre, les métaux, en général, sont bons conducteurs; le bois, la paille, la laine, les plumes et, en général, les corps poreux qui renferment de l'air emprisonné, sont mauvais conducteurs de la chaleur.

52. Applications à l'hygiène et à l'économie domestique. — Pendant l'hiver, nous nous garantissons contre le froid en nous recouvrant de vêtements en laine qui sont mauvais conducteurs de la chaleur, nous préservent de l'air extérieur et empêchent la déperdition de la chaleur de notre corps. Les édredons de plume ont le même effet. Nous protégeons nos appartements contre le froid au moyen de doubles portes et de doubles fenêtres qui emprisonnent une couche d'air mauvaise conductrice.

Pour faire chauffer nos aliments nous employons des vases en métal qui s'échauffent plus rapidement, mais qui aussi se refroidissent plus vite. On peut empêcher ce refroidissement en recouvrant ces vases d'une enveloppe de laine.

Les poêles en fonte chauffent plus rapidement que les poêles en faïence, mais ils conservent moins longtemps la chaleur.

53. Application à l'agriculture. — La chaleur est avec l'air et l'eau une des conditions indispensables à la vie des plantes. C'est pendant l'été que la végétation est la plus active. Pendant l'hiver, elle se ralentit et s'arrête pour reprendre au printemps.

Fig. 51. — On recouvre les châssis de paille pendant l'hiver.

En hiver, on préserve les plantes du froid en les recouvrant de paille, ou en les mettant à l'abri dans des serres. Au printemps, pour hâter la végétation, on emploie les châssis et les cloches. Le verre a la propriété de

Fig. 52. — Cloches et châssis.

laisser passer la chaleur lumineuse du soleil qui reste emprisonnée sous la cloche.

RÉSUMÉ

50. La chaleur se propage par *rayonnement* à travers le vide, comme la chaleur qui nous arrive du soleil.

51. Elle se propage aussi par *conductibilité* à travers les corps. Il y a des corps *bons conducteurs* et des corps *mauvais conducteurs* de la chaleur.

52. Les corps bons conducteurs sont les *métaux;* ils sont employés pour les appareils destinés au chauffage des liquides : chaudières, etc.

53. Les corps mauvais conducteurs sont en général les *corps poreux* qui emprisonnent de l'air dans leurs interstices. On les emploie pour se préserver du froid.

La chaleur est nécessaire à la vie des plantes ; on augmente cette chaleur en employant des cloches en verre, des châssis, des serres.

DEVOIR. — *Nommez des corps bons conducteurs et des corps mauvais conducteurs de la chaleur. Indiquez leurs usages.*

✳ ✳ ✳

12ᵉ LEÇON

CHAUFFAGE : PRINCIPAUX MODES DE CHAUFFAGE

54. Appareils de chauffage. — Pour produire la chaleur artificielle destinée à suppléer en hiver la chaleur solaire, nous avons recours à la chaleur développée par la *combustion* de certains corps appelés *combustibles*.

Les principaux combustibles employés sont le bois, les charbons, la houille, le coke, le pétrole, l'alcool, le gaz, etc.

La combustion a lieu dans des appareils de différentes sortes : les cheminées, les poêles, les calorifères.

Un bon appareil est celui qui ne laisse échapper aucun des produits de la combustion dangereux à respirer, et qui utilise la plus grande partie de la chaleur produite.

55. Cheminées. — La cheminée est le plus ancien et le plus répandu des appareils de chauffage. On y brûle généralement du bois, mais on peut aussi y brûler du charbon ou du coke, à l'aide de grilles. La surface de contact du combustible avec l'air est grande ; la combustion se fait bien, à la condition cependant que l'air

Fig. 53. — Cheminée.

de la pièce puisse se renouveler par les interstices des portes et des fenêtres. On augmente d'ailleurs le tirage au moyen d'un tablier mobile qui, quand il est baissé, oblige l'air à traverser le combustible, en activant le feu.

Les produits de la combustion s'échappent par la cheminée. Au point de vue *hygiénique* la cheminée a donc des *avantages :* elle produit l'aération de la pièce. Au point de vue *économique,* elle a des *inconvénients :* elle chauffe mal parce qu'une grande partie de la chaleur

Fig. 54. — La cheminée établit un courant d'air qui aère la chambre.

est perdue et qu'il n'en reste qu'une petite partie qui est utilisée pour le chauffage de la pièce. On diminue cet inconvénient en rétrécissant l'ouverture de la cheminée, et en avançant autant que possible le foyer.

56. Poêles. — Les poêles donnent une bien plus grande quantité de chaleur, parce que la surface chaude en contact avec l'air de la pièce est beaucoup plus considérable. Le tirage est suffisant pour laisser échapper les produits de la combustion, à la condition cependant de ne

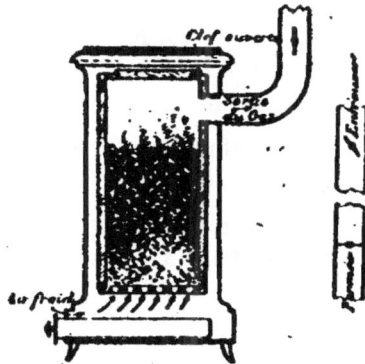

Fig. 55. — Poêle. Différentes positions de la clef qui modifie le tirage.

pas trop modérer ce tirage au moyen de la clef posée sur le tuyau à cet effet. C'est pour la même raison que certains poêles à combustion lente, dit *poêles mobiles,* sont dangereux parce qu'ils laissent dégager les produits de la combustion. Les poêles en fonte, à simple enveloppe, ont aussi le grave inconvénient, quand ils sont portés au rouge, de laisser passer l'oxyde de carbone qui est un poison très violent. On ne devrait employer les poêles en fonte que munis d'une double enveloppe.

57. Calorifères. — Les calorifères sont de plusieurs sortes ; il y a des calorifères à air chaud, à eau chaude et à vapeur d'eau. Ils chauffent bien et donnent une température constante, ils sont hygiéniques ; mais ils exigent une installation coûteuse et ne peuvent pas être employés couramment. Ils conviennent pour des établissements comprenant un grand nombre de pièces qui peuvent être chauffées par le même appareil.

RÉSUMÉ

54. Les principaux appareils de chauffage employés sont les *cheminées*, les *poêles*, les *calorifè. s*.

Un bon appareil doit ne *laisser échapper* aucun produit de la combustion et *utiliser* la plus grande partie de la chaleur fournie.

55. Les cheminées *facilitent* l'aération, mais laissent une grande partie de la chaleur se perdre par le tuyau.

56. Les poêles sont de bons appareils à la condition qu'ils soient munis d'une double enveloppe et que le tirage soit suffisant. Les poêles *mobiles* à combustion lente sont dangereux.

57. Les calorifères donnent un bon chauffage, mais exigent une installation coûteuse.

DEVOIR. — *Décrire les principaux appareils de chauffage et indiquer leurs avantages et leurs inconvénients.*

❋ ❋ ❋

13ᵉ LEÇON

LES CHARBONS

58. Principaux charbons ; leur origine. — Les charbons sont des corps *noirs* (sauf le diamant), *combustibles, qui brûlent à l'air en donnant du gaz carbonique.*

Ils sont tous formés d'une substance appelée **carbone** alliée à des matières étrangères qui forment la cendre et les résidus quand ils brûlent. Le diamant est du carbone pur.

Les uns se rencontrent tout formés dans la nature et sont dits **charbons naturels**; tels sont la houille ou charbon de terre, la tourbe, le graphite ou plombagine, le lignite, le diamant.

Les autres, appelés **charbons artificiels**, sont fabriqués ; tels sont le charbon de bois, le coke, le noir animal, le noir de fumée.

59. La houille. — La houille se trouve dans la terre

Fig. 56. — Mine de houille.

en masses considérables. On l'extrait en creusant des puits et des galeries souterraines. Elle a été formée par la décomposition lente de débris végétaux, enfouis dans le sol, et dont on retrouve fréquemment des traces dans les morceaux de houille.

Elle brûle en donnant une flamme produite par le gaz qu'elle renferme, et qui se dégage quand on la chauffe.

C'est le combustible le plus employé, non seulement comme chauffage, mais aussi dans l'industrie pour chauffer les machines.

60. Tourbe. — La tourbe est également produite par des végétaux, des mousses en décomposition; mais elle est de formation récente et se rencontre dans certains terrains bas et marécageux; c'est un combustible médiocre qui donne peu de chaleur.

Fig. 57. — Tourbe.

61. Lignite, graphite, diamant. — Ces charbons ne sont pas employés comme combustibles. Le graphite ou plombagine sert à la fabrication des crayons. Le diamant est employé en horlogerie pour sa dureté, et en bijouterie à cause des jeux de lumière qu'il produit quand il est taillé.

Etat brut.   Taillé.   Diamant monté pour couper le verre.

Fig. 58. — Diamant.

62. Charbon de bois. — Quand le bois brûle à l'air, il se consume et ne laisse que des cendres comme résidu. Mais si on le fait brûler en vase clos, à l'abri de l'air, il donne du charbon. On fabrique ce dernier en entassant le bois en meules que l'on recouvre de terre et de gazon. Des ouvertures ménagées dans la masse permettent à la combustion de s'opérer. Elle est terminée au bout de sept à huit jours.

Le charbon de bois est *cassant, léger* et *poreux*. Quand on fait passer sur du charbon concassé de l'eau renfermant des gaz qui lui donnent une mauvaise odeur, du purin, par exemple, il absorbe les gaz et désinfecte l'eau.

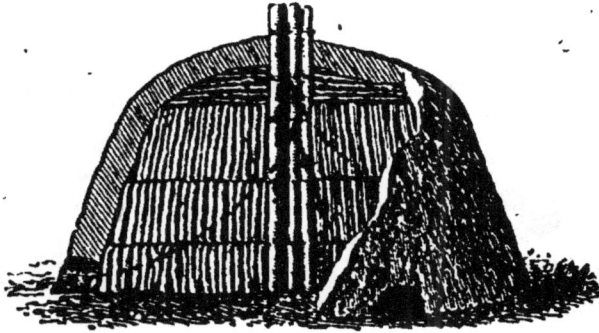

Fig. 59. — Meule pour la fabrication du charbon de bois.

C'est pour cette raison qu'il est employé dans la fabrication des filtres. Il est aussi employé pour désinfecter les fosses d'aisance. C'est également un combustible très usité.

63. Coke. — Dans une pipe en terre, à long tuyau, plaçons de petits morceaux de houille et fermons-la avec de la terre glaise. En la chauffant nous verrons se dégager par le tuyau un gaz que l'on peut enflammer : c'est le *gaz d'éclairage* dont nous étudierons la fabrication dans la prochaine leçon. Il reste dans la pipe un charbon léger, poreux qui est du *coke*.

Fig. 60. — La houille chauffée laisse dégager du *gaz* et donne comme résidu du *coke*.

Le coke est donc le résidu de la fabrication du gaz

d'éclairage produit par la combustion de la houille en vase clos.

C'est un bon combustible; il brûle sans flamme, puisqu'il ne contient plus de gaz.

Fig. 61. — La flamme d'une chandelle laisse déposer du noir de fumée.

64. Noir de fumée. — Quand on fait brûler de la résine, certaines huiles ou matières grasses, il se produit une fumée épaisse et noire qui se dépose sur la surface des corps qu'elle rencontre en poudre noire.

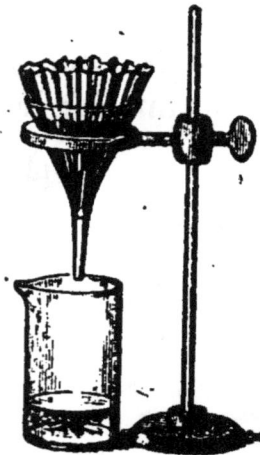

C'est le noir de fumée qui sert à la fabrication de certaines couleurs, de l'encre d'imprimerie et de crayons noirs.

65. Noir animal. — Le noir animal est obtenu par la calcination des os en vase clos. Sur un filtre en papier, versons du vin rouge mélangé avec du noir animal, le liquide sort incolore. Il absorbe les matières colorantes. Cette propriété le fait employer pour décolorer les jus sucrés.

Fig. 62. — Le noir animal décolore les liquides colorés.

RÉSUMÉ

58. Les charbons sont tous formés de *carbone* plus ou moins pur. Ils brûlent à l'air et donnent en brûlant du gaz corbonique.

Les charbons se divisent en charbons *naturels* et en charbons *artificiels*.

59. La *houille* est un charbon naturel qui se trouve dans le sol. Elle est due à la décomposition lente de végétaux enfouis.

60. La *tourbe* est une sorte de houille de formation récente.

61. Le *lignite*, le *graphite*, le *diamant* ne sont pas employés comme combustibles : ils ont d'autres usages industriels.

62. Le *charbon de bois* est produit par la combustion du bois à l'abri de l'air. Il a la propriété d'*absorber* les gaz.

63. Le *coke* est le résidu de la fabrication du gaz d'éclairage ; c'est un bon combustible.

64-65. Le *noir de fumée* et le *noir animal* sont employés à différents usages.

DEVOIR. — *Quelle est l'origine de la houille? Comment l'extrait-on ? Quels sont ses usages ?*

❋ ❋ ❋

14ᵉ LEÇON

ÉCLAIRAGE

66. Corps employés à l'éclairage. — Certains corps, en brûlant, produisent une flamme que nous utilisons pour notre éclairage : *ce sont ceux qui laissent dégager, lorsqu'ils sont chauffés, un gaz ou une vapeur pouvant brûler* au contact de l'air.

Les principaux corps employés pour l'éclairage sont le suif, la stéarine retirée des corps gras et avec laquelle on fabrique des bougies, les huiles végétales ou minérales, l'alcool, le gaz d'éclairage, l'acétylène, etc.

67. Chandelles et bougies. — Les chandelles et

les bougies sont formées d'une mèche enduite de suif ou de stéarine.

Les chandelles de suif donnent une lumière terne et sont malpropres.

Dans les bougies, la mèche, tressée et enduite d'acide borique, se consume au fur et à mesure et ne nécessite aucun soin.

Dans les unes comme dans les autres, la chaleur produite par la combustion de la mèche fait fondre d'abord le suif ou la stéarine qui monte dans la mèche, se volatilise et donne naissance à des vapeurs qui s'enflamment.

Fig. 63. — Bougie et chandelle.

68. Lampes. — Dans les lampes à huile, peu usitées

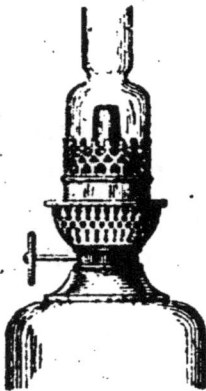

Fig. 64. — Lampe à pétrole.

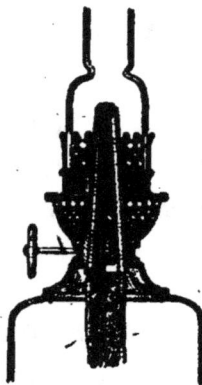

Fig. 65. — Le verre active la combustion en produisant un courant d'air.

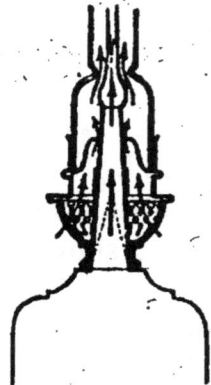

aujourd'hui, comme dans les lampes à pétrole, le liquide

monte dans la mèche et vient se volatiliser au contact de la flamme. On active la combustion en employant une mèche cylindrique pour augmenter les points de contact avec l'air, et en faisant arriver un courant d'air à l'intérieur et à l'extérieur de la mèche, au moyen d'une cheminée en verre. Cette cheminée repose sur une garniture percée de trous, comme l'indique la figure ci-contre, qui permettent à l'air d'arriver.

69. Gaz d'éclairage. — Le gaz d'éclairage est produit par la distillation de la houille en vase clos.

La houille est placée dans des cornues en grès ou en fonte. Il se dégage du gaz que l'on débarrasse des subs-

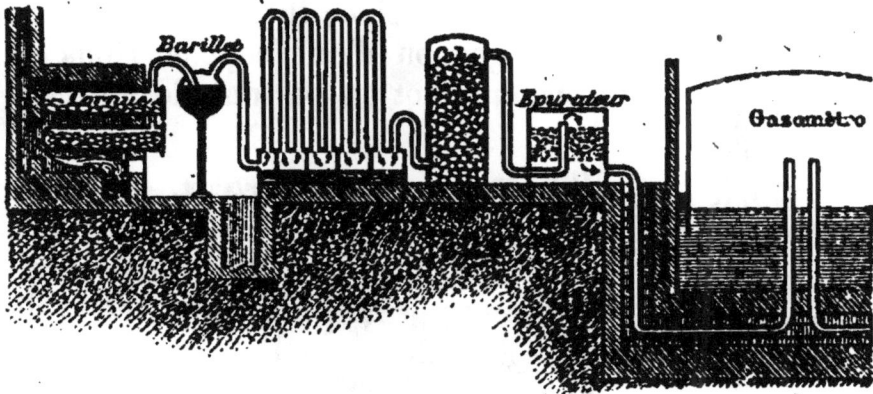

Fig. 66. — Fabrication du gaz d'éclairage.

tances étrangères qu'il contient et qui nuiraient à la clarté de la flamme, en le faisant passer dans une série d'appareils.

Il est recueilli sous des cloches ou gazomètres d'où il est distribué par des tuyaux dans les différents endroits où on doit l'utiliser.

Nous savons déjà que dans les cornues où s'effectue la distillation il reste du coke comme résidu; on recueille également comme résidus, dans les différents appareils de la fabrication, des goudrons et des sels qui sont employés dans l'industrie.

70. Acétylène. — L'éclairage à l'acétylène a pris depuis quelque temps une certaine extension. Il est produit par la combustion du gaz de même nom, fabriqué dans des appareils spéciaux au moyen d'un corps appelé carbure de calcium, qui se décompose et laisse dégager le gaz au contact de l'eau.

Ce gaz donne une belle clarté, mais il présente quelque danger. Mélangé à l'air, il produit une violente explosion quand on l'enflamme. Son usage nécessite quelques précautions.

71. Éclairage électrique. — L'éclairage électrique ne repose pas sur le même principe; il n'est pas produit par la combustion d'un gaz ou d'une vapeur. Nous en dirons un mot en parlant de l'électricité.

Fig. 67. — Différentes parties de la flamme d'une bougie.

72. Pouvoir éclairant. —Toutes les flammes n'éclairent pas également. La flamme de l'hydrogène, celle de l'alcool sont pâles. On peut les rendre éclairantes en introduisant dedans des particules solides, craie ou charbon en poudre, qui portées à l'incandescence augmentent le pouvoir éclairant. D'autres flammes riches en carbone sont fumeuses et ternes si la combustion n'est pas assez vive. C'est ce

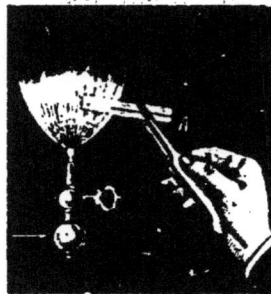

Fig. 68. — Flamme rendue éclairante en y introduisant un bâton de chaux.

qui arrive pour une lampe sans verre ; elle laisse déposer du noir de fumée. En activant le tirage au moyen d'un verre, la fumée disparaît et la flamme donne une belle lumière.

RÉSUMÉ

66. Les corps employés à l'éclairage sont ceux qui produisent un gaz ou une vapeur qui s'enflamment en brûlant.

67. Les *chandelles* donnent un mauvais éclairage, les *bougies* sont plus propres et éclairent mieux.

68. Dans les *lampes* on emploie les huiles végétales, le pétrole et l'alcool. Le liquide monte dans la mèche et se volatilise au contact de la flamme.

69. Le *gaz d'éclairage* provient de la distillation de la houille. Il donne un bon éclairage et il est très employé.

70. L'éclairage électrique et à l'*acétylène* sont moins répandus.

71-72. Pour qu'une flamme soit *éclairante,* il faut qu'elle contienne des particules solides portées à l'*incandescence.*

DEVOIRS. I. — *Quels sont les principaux modes d'éclairage? Indiquez leurs avantages et leurs inconvénients.*

II. — *Que faut-il pour qu'une flamme soit éclairante?*

❋ ❋ ❋

15ᵉ LEÇON

LE SOL ; SA CONSTITUTION. — LES ROCHES ET LA TERRE ARABLE

73. L'écorce terrestre. — Quand on examine un talus coupé à pic dans une tranchée creusée pour le passage d'une route, on distingue :

1° A la surface, une couche de terre meuble dans laquelle s'enfoncent les racines des plantes : c'est le **sol** ou **terre arable**;

2° Au-dessous, le **sous-sol** formé encore de terre qui n'est remuée que par des labours profonds;

Fig. 69. — Une coupe de l'écorce terrestre.

3° A une profondeur variable, des **roches** de nature diverse, plus ou moins dures et résistantes.

74. Les roches. — Ces roches se présentent tantôt sous la forme de couches superposées, horizontales ou

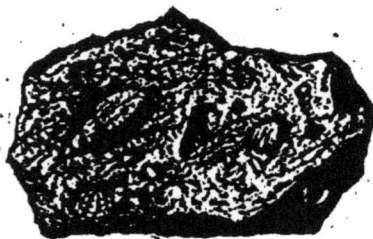

Fig. 70. — Roche calcaire montrant des débris d'animaux.

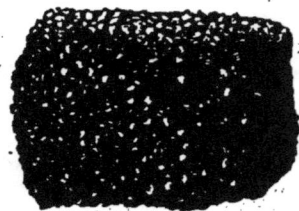

Fig. 71. — Granit.

inclinées, formées de matériaux différents et faciles à distinguer, elles renferment des débris d'animaux ou de végétaux; tantôt (ce sont les couches les plus profondes), elles ont l'aspect d'une matière en fusion qui s'est solidifiée par le refroidissement : tels sont le *granit,* le *porphyre,* etc.

75. Formation. — On explique la formation de ces dernières par le refroidissement du globe qui, formé primitivement d'une matière en fusion, s'est peu à peu solidifié à la surface. De là le nom de *roches ignées* ou cristallines qu'on leur donne.

Les premières, au contraire, ont été formées par le dépôt des eaux qui recouvraient la surface de la terre refroidie, et qui par leur action désagrégeante rongeaient les roches primitives : on les appelle *roches sédimentaires.*

Le sol et le sous-sol sont eux-mêmes formés de parcelles de ces roches détachées et mélangées à des débris organiques.

Fig. 72. — Carrière d'argile.

76. Nature des roches. — Trois éléments essentiels constituent les roches et se retrouvent dans la terre arable ; ce sont : le **calcaire**, le **sable** et l'**argile**.

La pierre à chaux, le marbre, la craie sont des calcaires. Quand on verse un acide sur l'une de ces roches, il se produit une

Fig. 73. — Silex ou pierre à fusil.

Fig. 74. — Cristaux de quartz formés de silice presque pure.

effervescence due au dégagement du gaz carbonique contenu dans le calcaire qui est un *carbonate de chaux.*

L'argile ou terre glaise forme des masses compactes plus ou moins dures. C'est avec cette substance que sont faites les tuiles, les briques, les poteries grossières.

La silice se présente sous forme de sable, ou agglomérée sous forme de *grès* et de *silex* ou pierre à fusil.

77. Terre arable.

77. Terre arable. — Ces trois éléments, avons-nous dit, se retrouvent dans la terre arable, en proportions différentes, alliées à l'*humus* ou *terreau;* suivant que l'un ou l'autre domine, la terre est argileuse, calcaire, siliceuse ou humifère.

Fig. 75. — Analyse de la terre arable; séparation des éléments.

La *terre franche* est celle qui renferme 5 à 10 0/0 de terreau, autant de calcaire en poudre, un quart ou un tiers d'argile, le reste en silice. C'est celle qui convient le mieux aux différentes cultures.

78. Amendements. — Quand un élément manque ou se trouve en quantité insuffisante dans la terre arable, on peut l'ajouter sous forme d'amendements pour améliorer le sol. La *marne*, formée de calcaire mélangé à de l'argile ou à du sable, et la *chaux* sont les principaux amendements.

Le cultivateur a le plus grand intérêt à connaître la composition du sol qu'il cultive. Il doit pour cela le faire *analyser* afin d'ajouter, s'il y a lieu, les amendements qui conviennent.

RÉSUMÉ

73, 74, 75. L'écorce terrestre est formée du *sol* ou terre arable, du *sous-sol* et de *roches*.

76. Les roches sont formées de trois éléments : le *calcaire*, la *silice* et l'*argile,* que l'on retrouve dans la terre arable alliés à l'*humus.*

77. La *terre franche* renferme ces trois éléments dans des proportions convenables.

78. On peut, par les *amendements,* donner à un sol les éléments qui lui manquent. La *marne* et la *chaux* forment les principaux amendements.

DEVOIR. — *Comment s'est formée la terre arable? Quels sont les éléments qui entrent dans sa composition?*

✳ ✳ ✳

16ᵉ LEÇON

LE CALCAIRE ET LA CHAUX

79. Importance des roches calcaires. — Les calcaires forment les roches les plus importantes de l'écorce terrestre ; ce sont aussi celles qui ont les plus nombreux usages.

Elles se présentent sous différents aspects : la pierre à chaux, la pierre à bâtir dans un grand nombre de localités, le marbre, la craie sont des *pierres calcaires.*

Elles ont toutes un caractère commun qui les rend faciles à reconnaître : elles font effervescence avec un acide, et nous avons vu qu'elles étaient formées d'acide carbonique et de chaux. D'autre part, quand on les chauffe fortement, elles laissent dégager le gaz carbonique et il reste de la chaux.

80. La chaux : sa fabrication. — On fabrique la chaux en chauffant dans des fours, appelés fours à chaux, des pierres calcaires. On entasse dans ces fours des couches successives de combustible (bois ou charbon) et de pierre à chaux ; sous l'action de la chaleur, le gaz carbonique s'échappe et l'on obtient de la chaux.

81. Chaux vive et chaux éteinte. — La chaux retirée des fours à chaux se présente sous la forme d'une pierre grise et s'appelle *chaux vive.* Si on l'arrose avec de l'eau, il se produit un vif bouillonnement, dû à la chaleur qui se dégage et qui vaporise une partie de l'eau ; la chaux se *délite,* c'est-à-dire se fendille, se réduit en poussière, et donne une bouillie blanche plus ou moins épaisse, suivant la quantité d'eau employée : c'est de la *chaux éteinte.*

Fig. 67. — Four à chaux.

Fig. 77. — Action de l'eau sur la chaux.

82. Mortiers. — Exposée à l'air, la chaux reprend du gaz carbonique et redevient dure en passant à l'état de carbonate de chaux. C'est cette propriété que l'on utilise dans les *mortiers.*

Un mortier est un mélange de chaux et de sable employé dans les constructions. En séchant, il durcit et lie les pierres entre elles. On ajoute du sable pour empêcher le retrait trop considérable de la chaux quand elle est employée seule, et pour diviser la masse afin que l'air la pénètre mieux.

83. Chaux hydraulique et ciment. — Certaines chaux ont la propriété de durcir sous l'eau et sont appelées *chaux hydrauliques*. Elles doivent cette propriété à de l'argile qu'elles contiennent en proportions variables. — Les ciments ont les mêmes propriétés. On emploie les uns et les autres pour les constructions qui doivent rester sous l'eau et pour lesquelles la chaux ordinaire serait insuffisante.

84. Sulfate de chaux, plâtre. — La chaux a un autre composé très important, le *plâtre*, qui est du sulfate de chaux (acide sulfurique et chaux). Il existe dans le sol, combiné à l'eau sous forme de cristaux appelés *gypse* ou pierre à plâtre. On exploite de nombreuses carrières de gypse aux environs de Paris.

La cuisson de la pierre à plâtre chasse l'eau; il reste une pierre que l'on broie et qui donne le plâtre en poudre employé dans les constructions. Mélangé avec un peu d'eau, il durcit et sert à faire des plafonds, les revêtements des murs, des statues, etc.

Fig. 78. — Gypse ou pierre à plâtre.

85. Usages en agriculture. — La chaux est employée en agriculture comme amendement. Nous verrons qu'elle est nécessaire à la nourriture des plantes.

Le plâtre est également employé comme engrais et amendement, principalement pour les prairies artificielles.

RÉSUMÉ

79. Les *calcaires* sont formés d'acide carbonique et de *chaux*.

80. Chauffés à l'air, ils laissent dégager le gaz carbonique et il reste de la chaux.

81. La chaux *vive* est avide d'eau et se combine avec elle pour donner la chaux *éteinte*. — La chaux s'empare de l'acide carbonique de l'air et durcit en formant un carbonate.

82. Les *mortiers* sont un mélange de chaux et de sable employé dans les constructions.

83. La chaux hydraulique et le ciment durcissent sous l'eau.

84. Le plâtre est du sulfate de chaux obtenu par la cuisson de la pierre à plâtre.

85. Il est employé dans les constructions et en agriculture.

DEVOIR. — *La chaux, sa fabrication, ses usages. Son emploi en agriculture.*

❋ ❋ ❋

17ᵉ LEÇON

SOUFRE ET PHOSPHORE

86. Le soufre. — Le soufre est un corps solide, jaune, que l'on trouve dans le commerce, sous la forme de bâtons cylindriques ou sous la forme d'une poudre jaune appelée *fleur de soufre*.

Fig. 70.
Allumette
ordinaire.

Quand on le chauffe, il fond et se vaporise si la température est assez élevée. Il *s'enflamme facilement* et brûle avec une flamme bleue en dégageant un gaz d'une odeur piquante qui est le *gaz sulfureux*.

Le soufre se trouve à l'état naturel aux environs des volcans qui en dégagent une certaine quantité à l'état de vapeur.

87. Usages du soufre. — En raison de la facilité avec laquelle il s'enflamme, on l'emploie dans la fabrication des *allumettes* et de la *poudre*.

Il est aussi employé pour détruire certains parasites dans les maladies de la peau. On l'emploie enfin pour sceller le fer dans la pierre, pour prendre des empreintes de médailles.

La fleur de soufre est employée pour combattre plusieurs maladies de la vigne, en particulier l'oïdium.

88. Gaz sulfureux. — Le gaz sulfureux qui se dégage dans la combustion du soufre, est un gaz qui a des propriétés *décolorantes* et *désinfectantes*. Un bouqu de violettes placé au-dessus du soufre en combustion devient blanc. On fait brûler du soufre dans les appartements à la suite d'épidémie parce qu'il détruit les microbes et assainit l'air. Il *n'entretient pas la combustion* et est employé pour éteindre les feux de cheminée.

Fig. 80. — Traitement de la vigne avec la fleur de soufre.

Fig. 81. — Le gaz sulfureux décolore.

89. Phosphore. — Le phosphore doit son nom à la propriété qu'il a de paraître *lumineux* dans l'obscurité. Quand on frotte l'extrémité d'une allumette garnie de phosphore sur le mur, il reste une trace lumineuse apparente dans l'obscurité.

Il s'enflamme, lui aussi, avec une grande facilité et à

une température peu élevée. Pour cette raison, il est dangereux à manier et cause des brûlures douloureuses qui guérissent difficilement; on le conserve sous l'eau. C'est en même temps un *poison* très violent que l'on emploie quelquefois pour détruire les souris et les rats. Son contre-poison est le lait.

Il est imprudent de laisser les enfants jouer avec des allumettes.

Fig. 82. — Le gaz sulfureux éteint les corps en combustion.

90. Sa présence dans la nature. — Le phosphore se trouve dans tous les êtres vivants, dans les os des animaux à l'état de phosphate de chaux, dans les graines des végétaux.

On l'extrait des os.

Il est employé à la fabrication des allumettes.

Les végétaux qui en contiennent en ont besoin pour leur nourriture. C'est à l'état de *phosphate de chaux* qu'on le leur fournit sous forme d'engrais.

RÉSUMÉ

86. Le soufre est un corps solide de couleur jaune; il se présente aussi sous la forme de fleur de soufre. Il *fond* et *s'enflamme* facilement; il donne en brûlant de l'*acide sulfureux*. On l'extrait du sol aux environs des volcans; on le fait fondre pour le séparer des matières terreuses.

87. Il est employé à la fabrication des allumettes et de la poudre, pour guérir certaines maladies de peau, pour combattre l'oïdium de la vigne.

88. Le gaz sulfureux est un *décolorant* et un *désinfectant*; il *n'entretient pas la combustion.*

89. Le phosphore est *lumineux* dans l'obscurité; il *s'enflamme* très facilement; ses brûlures sont dangereuses. C'est un *poison* violent.

90. Il est très répandu dans la nature.

DEVOIRS. I. — *Propriétés et usages du soufre.*

II. — *Quelle est la propriété essentielle du phosphore ? Pourquoi est-il dangereux ?*

✳ ✳ ✳

18ᵉ LEÇON

LES ACIDES

91. Propriétés générales des acides. — Les acides sont des corps composés, ils doivent leur nom à leur saveur qui rappelle celle du vinaigre ou d'un fruit vert. — Ils ont la propriété de *rougir* la teinture de tournesol et de se combiner aux métaux et aux bases pour donner des corps appelés *sels*.

Nous avons déjà étudié l'acide carbonique. Il existe un certain nombre d'autres acides qui ont une très grande importance, en raison de leurs usages dans l'industrie, et parce qu'ils donnent naissance à des composés très employés.

Nous étudierons les trois principaux : l'acide sulfurique, l'acide azotique et l'acide chlorhydrique.

92. Acide sulfurique. — L'acide sulfurique, appelé aussi *huile de vitriol* ou simplement *vitriol*, est un liquide huileux, incolore quand il est pur, mais généralement coloré en brun. C'est un *corps très énergique.* Il est formé de soufre et d'oxygène comme l'acide sulfureux, mais il contient plus d'oxygène que ce dernier.

Sa propriété essentielle est de se combiner à l'eau en dégageant une grande quantité de chaleur. Aussi il at-

taque tous les corps qui contiennent de l'eau et les désor-
ganise ; il carbonise le bois et le papier parce qu'il s'empare de l'eau et laisse le charbon. Il cause des brûlures
dangereuses quand il est en contact avec la peau. On doit
le manier avec précaution.

93. Ses composés : les sulfates. — Il attaque
la plupart des métaux et donne avec eux des *sulfates*.
Nous avons vu le sulfate de chaux ou pierre à plâtre. Le
sulfate de fer ou vitriol vert est employé comme désinfectant. Le *sulfate de cuivre* ou vitriol bleu sert à la fabrication de la bouillie bordelaise pour combattre la maladie de
la vigne appelée mildiou.

94. Acide azotique. — L'acide azotique ou *eau-forte*
est également un *acide énergique*. Il se présente sous la
forme d'un liquide jaune qui émet des vapeurs à la température ordinaire.

Il est formé par la combinaison de l'azote et de l'oxygène et se trouve dans la nature à l'état d'*azotate*. On le
retire de l'azotate de potasse ou de l'azotate de soude naturels.

Il attaque tous les métaux sauf l'or et l'argent. On utilise cette propriété dans la *gravure à l'eau-forte*. Sur une
plaque de cuivre recouverte d'une mince couche de cire
ou de vernis, si l'on trace quelques traits de manière à
mettre le cuivre à nu, l'acide que l'on verse ronge le
cuivre à ces endroits et produit une gravure en creux.

95. Azotates. — Les azotates de potasse et de soude
sont employés en agriculture. L'azotate de potasse ou
salpêtre est en outre employé dans la fabrication de la
poudre.

96. Acide chlorhydrique. — Le chlore est un
corps simple qui se trouve à l'état de combinaison dans le
sel marin ou chlorure de sodium. — Il donne avec l'hy-

drogène un acide qui est l'acide chlorhydrique. C'est un gaz très soluble dans l'eau et c'est sa dissolution qui est généralement employée.

RÉSUMÉ

91. Les *acides* sont des corps composés qui doivent leur nom à leur saveur; ils *rougissent la teinture bleue de tournesol*. Ils donnent avec les métaux des composés importants.

92. L'acide sulfurique ou *huile de vitriol* est un acide très énergique. Il est formé de soufre et d'oxygène.

93. Il forme des *sulfates* dont les principaux sont : le sulfate de chaux, le sulfate de fer et le sulfate de cuivre.

94. L'acide *azotique* ou *eau-forte* est formé d'azote et d'oxygène.

95. Il donne des *azotates* parmi lesquels les azotates de potasse et de soude sont les plus importants.

96. L'acide *chlorhydrique* est un gaz formé de *chlore* et d'hydrogène. Il est employé à l'état de dissolution.

DEVOIR. — *Dites ce que vous savez des trois principaux acides : acide sulfurique, acide azotique, acide chlorhydrique.*

✳ ✳ ✳

10ᵉ LEÇON

POTASSE ET SOUDE

97. Potasse et soude. — On appelle dans le commerce *potasse* et *soude* deux corps blancs, solubles dans l'eau et qui sont employés à différents usages. C'est d'ailleurs improprement qu'ils sont appelés ainsi, car ce sont des combinaisons de potasse et de soude avec l'acide carbonique, des *carbonates* analogues au carbonate de chaux.

La potasse et la soude pures sont des corps *caustiques*, c'est-à-dire qu'ils rongent et brûlent les matières organiques avec lesquelles ils sont en contact. Ce sont des *bases énergiques* qui s'unissent aux acides pour former des sels. Exposés à l'air, ils s'emparent de son acide carbonique et se transforment en carbonates.

98. Cendres des végétaux.

Fig. 83. — Les cendres contiennent de la potasse.

— Si l'on fait bouillir dans l'eau des cendres de végétaux, et si l'on évapore le liquide obtenu par décantation, on obtient un résidu qui est du *carbonate de potasse* si les cendres proviennent de végétaux terrestres, et du *carbonate de soude* si les cendres proviennent de végétaux marins. Les *végétaux contiennent donc de la potasse* ou *de la soude*.

99. Propriétés.

— La potasse et la soude *dissolvent* les corps gras. Si l'on fait bouillir une dissolution de potasse avec un corps, huile ou graisse, il se forme un corps solide, *soluble* dans l'eau, qui est du **savon**, et un liquide qui surnage et qui est de la glycérine. Cette propriété est la base de la fabrication des savons. Les savons de soude sont durs, ce sont les savons ordinairement employés; les savons de potasse sont mous.

100. Usages de la potasse et de la soude.

— Cette propriété explique l'emploi de la potasse et de la soude dans le blanchissage du linge. Les corps gras insolubles dans l'eau sont dissous par la potasse et la soude que les ménagères emploient. On comprend également pourquoi elles font bouillir les cendres et emploient cette dissolution pour nettoyer le linge. — Enfin, les savons eux-mêmes doivent à la potasse et à la soude qu'ils renferment les propriétés qui les font employer pour le blanchissage du linge.

101. Composés de la potasse et de la soude. — Le *sel marin* ou chlorure de sodium employé comme condiment est un composé de chlore et de sodium. Il se retire des mines de sel gemme et de l'eau de la mer, dans les marais salants.

Le *sulfate de potasse* (acide sulfurique et potasse), l'*azotate de potasse* ou salpêtre, l'*azotate de soude* (acide azotique et potasse ou soude) sont

Fig. 84. — Marais salants.

encore des composés employés à différents usages.

L'*azotate de potasse* se forme naturellement dans le sol en présence du corps poreux. Il est employé à la fabrication de la poudre parce qu'il dégage beaucoup d'oxygène en se décomposant et que cet

Fig. 85. — Cristaux de sel marin obtenus par évaporation.

oxygène facilite la combustion du soufre et du charbon qui entrent aussi dans la composition de la poudre.

102. Applications à l'agriculture. — Les sels de potasse, de soude, et les **sels ammoniacaux**, qui ont pour base l'*ammoniaque* (azote et hydrogène), sont employés en agriculture sous forme d'engrais pour donner aux végétaux la potasse, la soude, l'azote qui leur sont nécessaires.

Les azotates de potasse et de soude, le chlorure de potassium, le sulfate de potasse et le sulfate d'ammoniaque, sont les plus employés.

(Voy. leçon : engrais complémentaires.)

RÉSUMÉ

97. La potasse et la soude sont à l'état de *carbonates* dans les cendres des végétaux d'où on les retire.

98. Ce sont des *bases énergiques* qui *dissolvent les corps gras* en formant avec eux un *savon*.

99. Les savons sont fabriqués en faisant agir la potasse ou la soude sur un corps gras, huile ou graisse.

100. La potasse et la soude sont employées au blanchissage du linge.

101. Leurs composés les plus importants sont : le *chlorure de sodium*, le *sulfate de potasse*, les *azotates* de *potasse* et de *soude*.

102. Les végétaux ont besoin de potasse, ou de soude pour vivre : on leur fournit des engrais qui en contiennent.

DEVOIR. — *Dites ce que vous savez de la potasse et de la soude : leurs propriétés; leurs usages.*

❋ ❋ ❋

20ᵉ LEÇON

LES MÉTAUX

103. Propriétés générales. — Les métaux se rencontrent dans le sol soit à l'état pur, soit à l'état de *composés* ou *minerais*.

Les plus répandus et les plus employés sont appelés *métaux usuels.* Les principaux sont : le *fer*, le *zinc*, l'*étain*, le *cuivre*, le *plomb*.

Les autres, appelés *métaux précieux* parce qu'ils sont plus rares, ont des usages moins nombreux, ce sont : l'*or*, l'*argent*, le *platine*.

Les métaux sont tous *solides* (sauf le mercure). Ils sont *durs* et peuvent s'étirer en fils, se réduire en feuilles minces ; ces qualités les rendent propres à de nombreux usages.

Ils sont *bons conducteurs* de la chaleur ; nous avons vu qu'une barre de fer chauffée à une extrémité s'échauffe rapidement dans toute sa longueur. Ils conduisent également bien l'électricité.

104. Action de l'air sur les métaux. — La plupart des métaux usuels subissent l'action de l'oxygène de l'air : le fer donne de la rouille ou oxyde de fer. Ils sont attaqués par les acides en présence de l'eau et donnent des sels (préparation de l'hydrogène). Les métaux précieux, au contraire, ne s'oxydent pas et ne sont pas attaqués par les acides.

105. Minerais. — Ces différentes actions sur les métaux usuels expliquent pourquoi on ne les rencontre dans le sol qu'à l'état de composés, oxydes, sulfures ou sels, mélangés à des matières terreuses. Ces composés portent le nom de *minerais*. Les métaux précieux, au contraire, se rencontrent à l'état pur ou natif.

106. Métallurgie. — Le traitement des minerais, pour extraire le métal, constitue une industrie importante appelée *métallurgie*.

Le plus souvent, les minerais, concassés et débarrassés par un lavage des matières terreuses qu'ils contenaient, sont soumis à une haute température en présence du *charbon*. Le charbon s'empare de l'oxygène, les produits volatils s'échappent et le métal reste pur. Cette opération a lieu généralement dans des fours, des hauts fourneaux pour le fer.

107. Fer, fonte, acier.

Le produit obtenu dans les hauts fourneaux n'est pas du fer pur. C'est de la *fonte* qui a retenu une certaine quantité de charbon. — La fonte est un corps cassant, dur, difficile à travailler, mais qui se moule facilement; on l'emploie dans la fabrication d'un grand nombre d'objets, tels que grilles, appareils de chauffage, ustensiles de cuisine, etc.

Fig. 87. — Haut fourneau. — *a*, laitier; *b*, tuyau pour faire arriver l'air; *c*, fonte; *d*, sortie du gaz.

Le *fer* est beaucoup plus *malléable*, il se travaille facilement. Pour l'obtenir, on fait arriver dans la fonte en fusion un fort courant d'air; l'oxygène en passant brûle le charbon qui s'en va sous forme d'acide carbonique; il reste du fer pur.

Le fer est le métal le plus utile à l'homme : il est employé à la fabrication d'un grand nombre de machines; ses usages sont extrêmement nombreux.

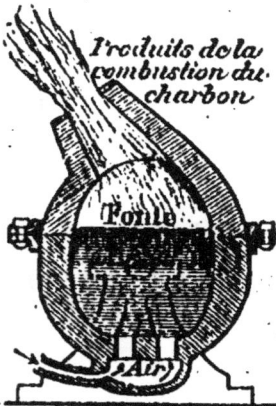

Fig. 88. — Fabrication de l'acier : le charbon de la fonte est brûlé par l'air qui traverse la fonte en fusion.

L'acier a des propriétés un peu différentes du fer : il est plus *dur*, surtout lorsqu'il est trempé. Il sert à faire des outils, des armes, des organes de machines qui doivent présenter une grande dureté et une grande résistance.

Il doit ses propriétés à ce qu'il contient une certaine quantité de charbon, moindre que dans la fonte.

On le fabrique, soit en enlevant partiellement le charbon de la fonte, soit en ajoutant au fer chauffé au rouge une petite quantité de charbon.

Pour *préserver* le fer, la fonte et l'acier de l'oxydation ou de l'action des acides, on les recouvre d'une couche de peinture (grilles, ponts), d'étain (*fer étamé*), de zinc (*fer galvanisé*), de nickel, parce que l'étain, le zinc, le nickel s'oxydent peu à l'air.

107 bis. Usages des autres métaux. Alliages.
— Le zinc sert à fabriquer des seaux, des arrosoirs, des baignoires ; réduit en feuilles minces, il sert à couvrir les maisons.

L'**étain** est employé, comme nous l'avons dit, pour l'étamage des ustensiles de cuisine, dans la fabrication des glaces (tain des glaces).

Avec le **plomb**, on fabrique des tuyaux de conduite pour l'eau et le gaz.

Le **cuivre** sert à la fabrication d'appareils de chauffage (chaudières), d'ustensiles de cuisine, parce qu'il s'échauffe rapidement, de fils destinés à conduire l'électricité.

Les ustensiles de cuisine en cuivre doivent être étamés pour empêcher la formation de sels vénéneux (vert de gris) au contact d'aliments acides.

On fond quelquefois plusieurs métaux ensemble pour donner un **alliage** plus *dur*, plus *résistant* que les métaux employés.

Les *monnaies* d'or et d'argent sont formées d'un alliage d'or ou d'argent avec du cuivre.

Le *bronze* est un alliage de cuivre et d'étain ; le *laiton* (cuivre jaune) est formé de cuivre et de zinc.

RÉSUMÉ

103. Les métaux sont des corps solides, *bons conducteurs* de la chaleur. Ils peuvent être réduits en lames minces (*malléabilité* ou étirés en fils (*ductilité*).

104. La plupart s'oxydent à l'air ; ils sont attaqués par les acides ; ils se rencontrent dans le sol à l'état de *minerais*.

105. On les traite par le charbon à une haute température : le charbon en brûlant enlève l'oxygène, il reste le métal.

106. Le fer est le plus employé et le plus utile de tous les métaux. On le fabrique dans les *hauts fourneaux*.

107. La fonte est du fer qui contient du charbon ; elle est *dure, cassante*, mais se *moule* facilement.

L'acier contient moins de charbon que la fonte. Il est *dur* et *résistant*.

107 *bis*. Les autres métaux usuels, *le zinc, l'étain, le plomb, le cuivre* servent à la fabrication d'ustensiles de cuisine et d'un grand nombre d'objets divers.

Les *alliages* formés de deux ou plusieurs métaux sont souvent employés : alliage des monnaies, bronze, laiton.

DEVOIRS. I. — *Dites ce que vous savez du fer, de la fonte et de l'acier ; leurs propriétés, leurs usages.*

II. — *Qu'est-ce qu'un alliage ? Quels sont les alliages que vous connaissez ?*

❋ ❋ ❋

Sciences naturelles

DEUXIÈME PARTIE

L'HOMME

21ᵉ LEÇON

LE CORPS HUMAIN. — PRINCIPALES FONCTIONS

108. Les grandes fonctions. — L'homme, comme les animaux, est un être vivant qui se *nourrit*, se *déplace*, fait des *mouvements* et *sent*. Il a de plus la faculté de *penser* : c'est un être *intelligent*.

Son corps est composé d'organes destinés à chacune de ces fonctions. Les uns servent à la **nutrition**, les autres aux **mouvements**, d'autres à la **sensibilité**.

109. Le corps de l'homme. — Extérieurement, le corps de l'homme paraît formé de trois parties : la *tête*, le *tronc* et les *membres*. En même temps, nous voyons qu'il est formé de parties dures qui sont les *os*, et de parties molles, la *chair* et les *différents organes*. Les premiers constituent le *squelette* et servent de support aux autres.

La tête comprend une cavité, le *crâne*, qui renferme le

cerveau, organe principal de la sensibilité et siège de l'intelligence. Elle porte, en outre, les principaux organes des sens.

Le **tronc** offre, lui aussi, une cavité qui renferme les organes de la nutrition : il est partagé en deux par

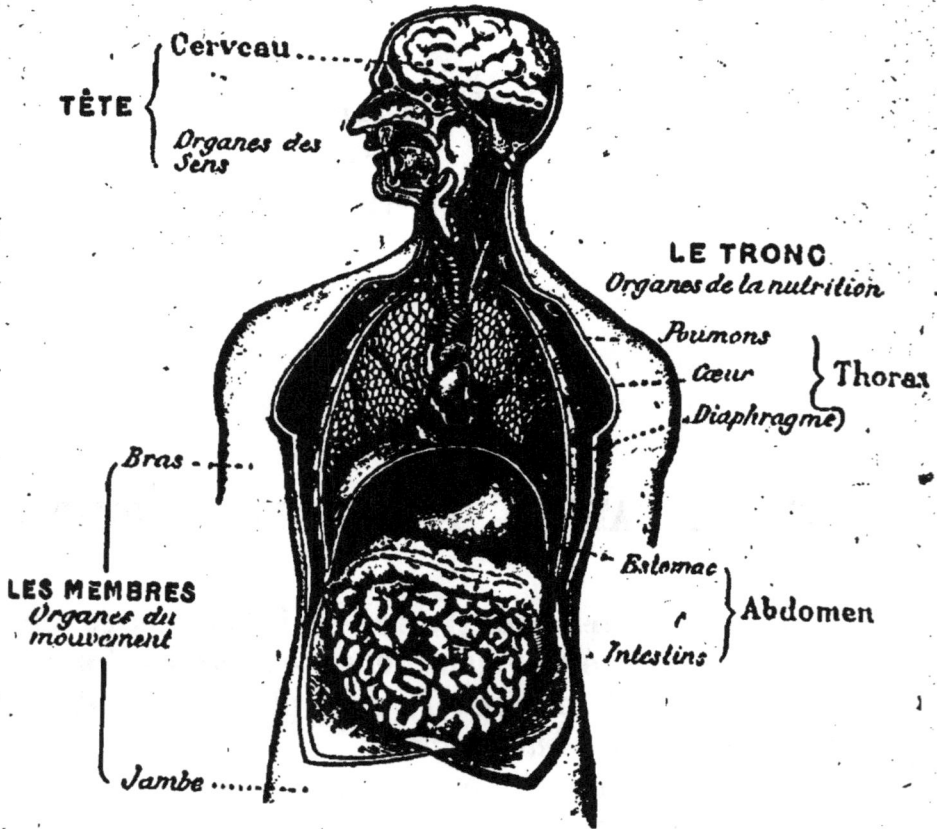

TÊTE {
Cerveau......
Organes des Sens

LE TRONC
Organes de la nutrition
Poumons
Cœur } Thorax
Diaphragme

Bras-

LES MEMBRES
Organes du mouvement

Estomac
} Abdomen
Intestins

Jambe......

Fig. 89. — Principaux organes du corps de l'homme.

une cloison horizontale appelée *diaphragme,* la partie supérieure est la *poitrine,* la partie inférieure est *l'abdomen.*

Enfin, les **membres,** au nombre de quatre, deux supérieurs, les *bras,* et deux inférieurs, les *jambes,* sont les principaux organes du mouvement.

110. La nutrition. — Le corps de l'homme s'accroît quand il est jeune, il s'use par le travail. Pour remplacer les matériaux usés et fournir ceux qui sont destinés à son développement, il se *nourrit*.

Il le fait en introduisant dans son corps des substances solides ou liquides appelées *aliments*. Mais ces aliments ont besoin de subir une transformation avant de pouvoir être incorporés à nos tissus : c'est l'objet de la **digestion** qui rend solubles les parties utilisables, et les sépare des matières impropres à la nutrition.

Ces parties utilisables sont ensuite versées dans le sang qui, par la **circulation**, les transporte dans toutes les parties du corps.

La **respiration** fournit au sang l'oxygène destiné à brûler les matières usées de notre corps, et à entretenir la chaleur animale. Les **sécrétions** complètent cette dernière fonction en éliminant les substances qui n'ont pas pu être brûlées par l'oxygène de l'air.

En résumé, la digestion, la circulation, la respiration et les sécrétions sont les fonctions essentielles de la nutrition.

RÉSUMÉ

108. L'homme se *nourrit*, se *meut*, et *sent;* de plus, c'est un être *intelligent*.

109. Son corps est formé de trois parties : la *tête* où se trouvent les organes de la sensibilité, le *tronc* qui renferme les organes de la nutrition, les *membres* qui servent plus particulièrement aux mouvements.

110. La nutrition comprend la *digestion* qui a pour objet la transformation des aliments en éléments assimilables; la *circulation* qui transporte ces éléments par tout le corps; la *respiration* qui fournit au sang l'oxygène nécessaire et qui, avec les *sécrétions,* élimine les matériaux usés.

DEVOIR. — *Quelles sont les parties essentielles du corps de l'homme? Quelles grandes fonctions accomplissent-elles?*

✳ ✳ ✳

22ᵉ LEÇON

LES ALIMENTS

111. Nature des aliments. — Les aliments qui servent à notre nourriture sont tirés du règne végétal ou du règne animal. Le sel, que nous employons comme condiment pour les assaisonner, et l'eau qui nous sert de boisson, appartiennent néanmoins au règne minéral.

Ils doivent contenir tous les éléments qui constituent les tissus de notre corps. Ces éléments essentiels sont : le carbone, l'oxygène, l'hydrogène et l'azote.

112. Diverses sortes d'aliments. — Suivant leur composition, les aliments se divisent en :

1° **Aliments azotés,** qui contiennent les quatre éléments que nous avons indiqués. Le blanc d'œuf formé d'*albumine,* la chair des animaux formée de *fibrine,* la *caséine* du lait qui sert à faire les fromages sont des **aliments azotés.**

Ils servent à former, à accroître, à remplacer les différentes parties de notre corps.

2° **Aliments non azotés,** qui ne renferment que du carbone, de l'hydrogène et de l'oxygène ; ils comprennent les *féculents,* comme l'amidon de la farine et la fécule des pommes de terre ; les *matières grasses,* comme la graisse des animaux, le beurre, les huiles ; les *matières sucrées,* comme le sucre ordinaire.

Ces aliments servent à la combustion lente qui s'opère dans toutes les parties du corps, et qui développe la CHALEUR ANIMALE.

3° Enfin, les **boissons**, comme l'eau, le vin, etc., qui facilitent la digestion et l'absorption des aliments, et qui fournissent, en même temps, quelques matières utiles à notre corps, comme la *chaux*, qui sert à la formation des os.

113. Aliments complets. — Certaines substances employées à notre nourriture, contiennent à la fois des aliments azotés et des aliments non azotés.

Le pain, par exemple, renferme de l'amidon et du gluten ; le gluten est une substance azotée. Dans les œufs, on distingue facilement le blanc, qui est formé d'*albumine*, du jaune qui est une *matière grasse*. Dans le lait, la *crème* forme la partie grasse, le lait écrémé qui reste, renferme la *caséine* ou caillé et le petit lait qui contient des *matières sucrées*.

Ce sont des aliments complets qui pourraient servir seuls à la nourriture de l'homme.

Fig. 90. — En pétrissant de la farine sous un filet d'eau, l'amidon est entraîné, le gluten reste.

Le jeune enfant se nourrit exclusivement de lait ; c'est la seule nourriture qui lui convient, au moins pendant la première année.

114. Aliments incomplets. — Les autres aliments sont dits incomplets, parce qu'ils ne renferment pas les quatre éléments, ou que l'un de ces éléments n'y entre pas dans une proportion suffisante. Un seul de ces aliments ne pourrait suffire à l'alimentation ; ils doivent être mélangés, de manière à fournir les quatre éléments qui constituent le corps de l'homme, dans des proportions convenables. C'est ainsi que nos repas sont composés de manière à joindre le pain à la viande, aux légumes, aux fruits, etc.

RESUMÉ

111. Les aliments renferment les éléments qui constituent les tissus de notre corps : le *carbone*, l'*oxygène*, l'*hydrogène*, et l'*azote*.

112. Les aliments se divisent en : 1º aliments azotés, comme l'*albumine*, la *fibrine* et la *caséine*; 2º aliments non azotés, comme la *fécule* et l'*amidon*, les *matières grasses* et les *matières sucrées*; 3º les *boissons*.

113. Un aliment complet contient à la fois des aliments azotés et des aliments non azotés : le *lait*, les *œufs*, le *pain* Ils suffisent à la nourriture de l'homme.

114. Les aliments incomplets doivent être mélangés de manière à fournir les quatre éléments.

DEVOIR. — *Les aliments; leur composition.* — *Qu'appelle-t-on aliments complets? Nommez-en.*

❋ ❋ ❋

23ᵉ LEÇON

LA DIGESTION

115. Objet de la digestion. — Transformer les aliments pour qu'ils puissent être incorporés au sang, et, pour cela, rendre *soluble* la partie utilisable et la séparer de la partie impropre à la nutrition : tel est l'objet de la digestion.

Cette transformation a lieu dans un ensemble d'organes appelé l'appareil digestif.

116. Organes de la digestion. — Ces organes comprennent trois parties essentielles, trois cavités : la *bouche*, l'*estomac* et les *intestins;* dans chacune d'elles, les aliments séjournent pour y subir l'action de liquides ou sucs digestifs destinés à opérer la digestion.

117. La bouche. — Dans la bouche, les ali-

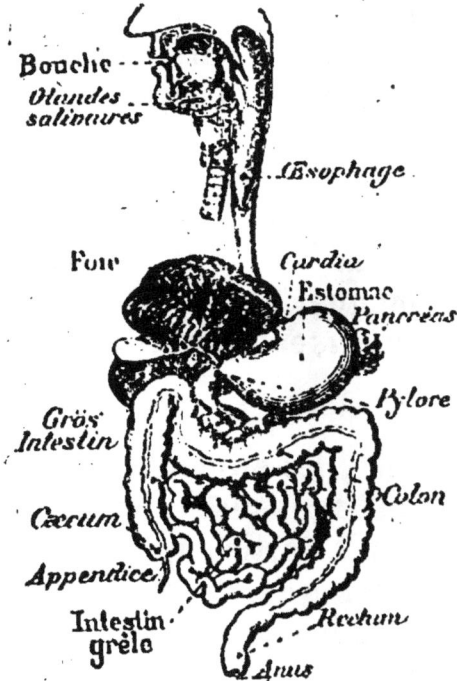

Fig. 91. — Les organes
de la digestion.

Bouche
Glandes salivaires
Œsophage
Foie
Cardia
Estomac
Pancréas
Gros Intestin
Pylore
Cæcum
Colon
Appendice
Intestin grêle
Rectum
Anus

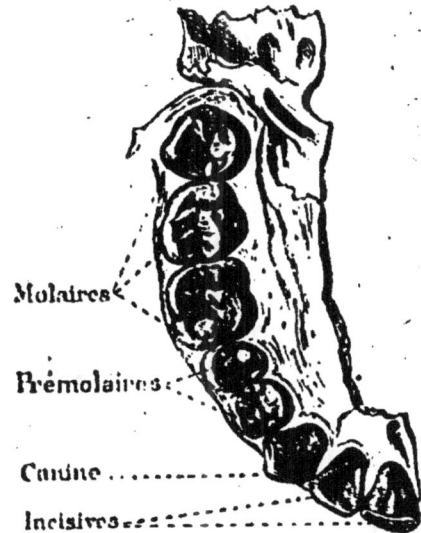

Molaires
Prémolaires
Canine
Incisives

Fig. 92. — Nos dents.
(Demi-mâchoire).

ments sont d'abord broyés au moyen des **dents.** Les dents, au nombre de 32 chez l'homme adulte, sont de petits os durs, recouverts d'émail, implantés dans les mâchoires. Elles ont trois formes différentes ; il y a les *incisives,* au nombre de quatre à chaque mâchoire, qui servent à couper les aliments ; les *canines,* situées de chaque côté des incisives, qui sont pointues et servent à déchirer la chair ; enfin les *molaires*, placées de chaque côté de la bouche, au nombre de dix à chaque mâchoire, qui servent à broyer les aliments.

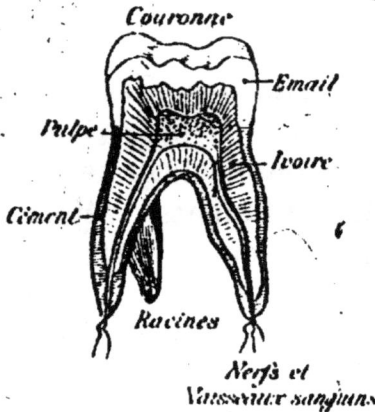

Fig. 93. — Coupe d'une dent (molaire).

Les aliments sont en même temps imprégnés de *salive ;* la salive est fournie par des glandes situées de chaque côté de la bouche et sous la langue.

La salive agit sur les aliments *féculents* et les transforme en *sucre soluble.*

118. L'estomac. — De la bouche, les aliments sont conduits par l'arrière-bouche et l'œsophage dans l'estomac. L'estomac est une poche placée dans la partie supérieure de l'abdomen. Des glandes situées dans ses parois sécrètent le *suc gastrique* qui se mélange aux aliments et agit sur la partie azotée qu'il dissout et transforme en principes solubles. L'estomac est animé de mouvements et de contractions qui facilitent le mélange et l'action du suc gastrique.

119. Les intestins. — L'intestin grêle fait suite à l'estomac et se termine par le gros intestin. C'est un long tuyau replié sur lui-même, dont la longueur atteint six ou sept fois la longueur du corps de l'homme. Deux organes, le *foie* et le *pancréas*, sécrètent deux liquides, la *bile* et le *suc pancréatique*, qui viennent se déverser dans l'intestin ; celui-ci sécrète en outre, un suc appelé *suc intestinal* dont l'action s'ajoute aux précédents. Les aliments, en sortant de l'estomac, passent dans l'intestin grêle, ils subissent l'action de la bile et des sucs pancréatique et intestinal ; les matières féculentes et les sucres qui avaient résisté à l'action des sucs précédents sont rendus solubles et assimilables. La digestion est complète, il ne reste plus que la partie inutilisable qui est poussée dans le gros intestin et rejetée au dehors.

120. Absorption. — La partie des aliments digérée et propre à devenir du sang se présente alors sous la forme d'un liquide blanc que l'on appelle **chyle**.

Il est absorbé par une infinité de petits suçoirs qui tapissent l'intérieur de l'intestin grêle et qui le conduisent, à travers un réseau de petits vaisseaux appelés *vaisseaux chylifères*, jusqu'à un vaisseau sanguin, la veine porte, où il se mélange au sang et d'où il est amené au cœur.

RÉSUMÉ

115-119. La digestion a pour but de rendre les aliments *solubles* et *assimilables*. Cette transformation a lieu dans 3 cavités : 1° la *bouche*, où les aliments sont broyés et subissent l'action de la *salive* qui attaque et rend solubles les *aliments féculents ;* 2° *l'estomac*, où le *suc gastrique* transforme les *aliments azotés ;* 3° *l'intestin*, où la *bile*, le *suc pancréatique* et le *suc intestinal* achèvent la digestion en agissant sur les matières *grasses et sucrées*.

120. Par *l'absorption*, les aliments digérés sont conduits dans le sang.

DEVOIR. — *Qu'est-ce que la digestion ? Quels sont les principaux organes de la digestion ? Quel est le rôle de chacun d'eux ?*

❋ ❋ ❋

24ᵉ LEÇON

LA CIRCULATION

121. Le sang. — Le sang, qui renferme tous les éléments nutritifs, est un liquide rouge formé en grande partie d'eau, environ 78 0/0. Abandonné à lui-même, il se sépare en deux parties, une liquide, c'est le *sérum,* qui contient en dissolution différentes substances et en particulier les principes digérés des aliments ; l'autre, appelée *caillot,* est formée de petits globules rouges qui donnent au sang sa couleur et qui absorbent l'oxygène de l'air.

122. Le sang est en mouvement. — Le sang est répandu dans tout le corps, mais il est contenu dans un système de *vaisseaux sanguins* très fins et tellement nombreux qu'on ne peut piquer une partie de notre corps sans atteindre l'un de ces vaisseaux et faire couler le sang. — Ce liquide est sans cesse en mouvement et circule à travers les vaisseaux sous l'action d'un organe central appelé **cœur.**

123. Le cœur. — Le cœur est placé dans le thorax,

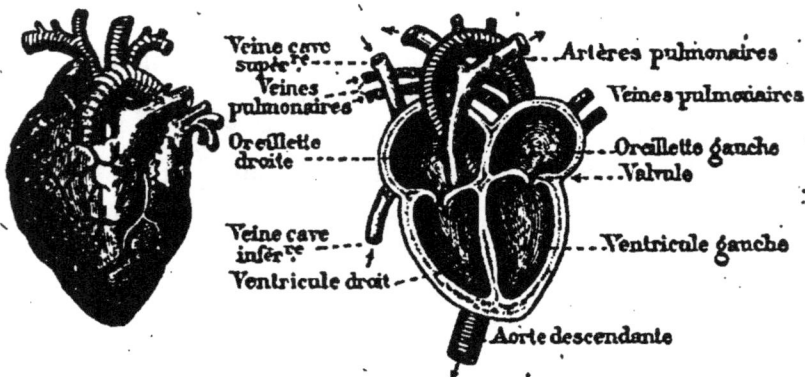

Fig. 94. — Cœur de l'homme (coupe du cœur).

un peu à gauche. C'est un organe creux, à parois très

épaisses, divisé en deux par une cloison verticale qui constitue à la vérité deux cœurs, l'un gauche, l'autre droit, accolés, mais ne communiquant pas entre eux. Chaque cœur est divisé en deux parties, une *oreillette* et un *ventricule,* qui communiquent ensemble par une ouverture. Cette ouverture est fermée par une valve ou soupape qui s'ouvre de haut en bas, de sorte que le sang peut passer de l'oreillette dans le ventricule, mais ne peut pas revenir du ventricule dans l'oreillette.

124. Les artères et les veines. — De chaque ventricule partent des vaisseaux appelés *artères,* qui se subdivisent et se ramifient en vaisseaux extrêmement fins appelés *vaisseaux capillaires.* Ces vaisseaux se réunissent les uns aux autres, pour former les *veines* qui ramènent le sang au cœur, et débouchent dans les deux oreillettes.

125. Trajet du sang. — Le sang est chassé du cœur par les contractions de cet organe. A chaque *battement,* le sang contenu dans le ventricule gauche est refoulé dans l'artère aorte dont les parois élastiques s'élargissent pour lui donner passage. Poussé par de nouvelles contractions,

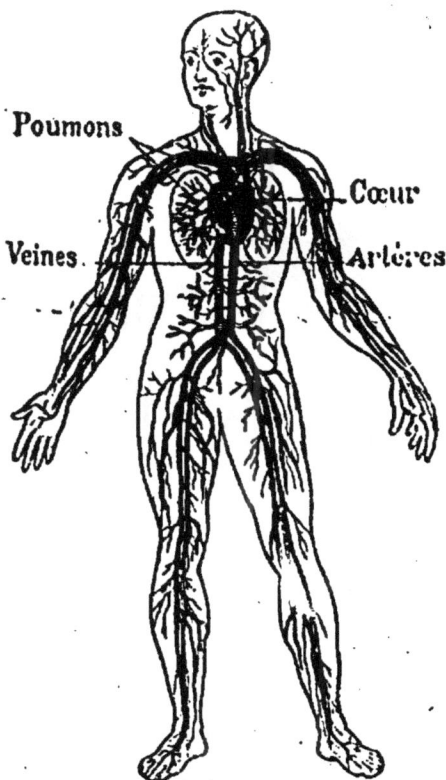

Fig. 95. — Circulation du sang dans le corps de l'homme. — Les artères sont représentées par les traits pleins.

il arrive et se répand dans les vaisseaux capillaires.

Il accomplit là une double fonction : 1° il abandonne les substances nutritives qu'il contient en dissolution pour remplacer les matériaux usés de notre corps; 2° il brûle, au moyen de l'oxygène qu'il contient, ces matières usées et se charge des produits de la combustion : gaz carbonique et vapeur d'eau. Cette combustion lente produit de la chaleur dont le résultat est de maintenir notre corps à une température à peu près constante d'environ 38°.

Cette fonction accomplie, le sang revient au cœur par les veines ; mais il a changé de nature ; d'une part, il a perdu les éléments nutritifs qu'il contenait ; d'autre part, il a remplacé l'oxygène par du gaz carbonique, il a une couleur noire, on le nomme *sang veineux.*

Il reprend dans les intestins de nouvelles substances digérées, puis, ramené au cœur, dans l'oreillette droite, il passe dans le ventricule droit, d'où il est chassé dans les poumons par l'artère pulmonaire.

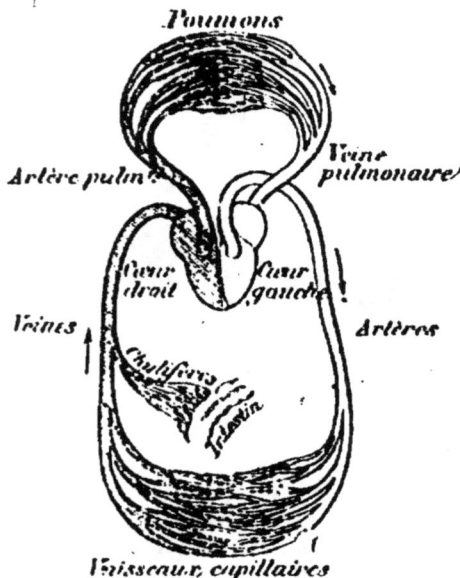

Fig. 96. — Figure théorique pour montrer la double circulation du sang.

Des poumons il revient au cœur revivifié, régénéré, chargé d'oxygène et débarrassé du gaz carbonique : il a repris sa couleur rouge et porte le nom de *sang artériel.*

Par la veine pulmonaire il est ramené dans l'oreillette gauche, d'où il passe dans le ventricule gauche pour recommencer le même trajet.

En résumé, le sang accomplit une double circulation :

1° En partant du ventricule gauche il va par l'artère aorte se distribuer dans tout notre corps, puis il revient au cœur, dans l'oreillette droite, par les veines ;

2° Du ventricule droit il repart par l'artère pulmonaire, va aux poumons subir l'action de l'air, et revient à l'oreillette gauche par les veines pulmonaires.

RÉSUMÉ

121. Le sang est le véhicule chargé de porter dans tout notre corps les éléments nécessaires à la vie.

122. Il est constamment en mouvement sous l'action d'un organe central appelé *cœur*.

123. Le cœur est divisé en deux parties séparées entre elles, et chaque partie comprend une oreillette et un ventricule communiquant entre eux.

124. Le sang est contenu dans un système de vaisseaux comprenant : les *artères*, qui emportent le sang du cœur vers les extrémités ; les *vaisseaux capillaires*, qui le distribuent dans tous nos organes ; les *veines*, qui le ramènent au cœur.

125. Le sang accomplit un double trajet : l'un, du cœur dans toutes les parties du corps ; l'autre, du cœur aux poumons, où il va subir le contact de l'air.

DEVOIR. — *Décrivez le double trajet qu'accomplit le sang dans notre corps et dites les transformations qu'il subit.*

✳ ✳ ✳

25ᵉ LEÇON

LA RESPIRATION

126. Les poumons. — Les poumons sont les organes essentiels de la respiration. Ce sont deux masses spongieuses, placées dans le thorax, de chaque côté du cœur.

Ils ne forment pour ainsi dire qu'une seule cavité extrêmement divisée et constituée par les ramifications des bronches. Cette cavité communique avec l'air extérieur par la trachée-artère, l'arrière-bouche ou les fosses nasales.

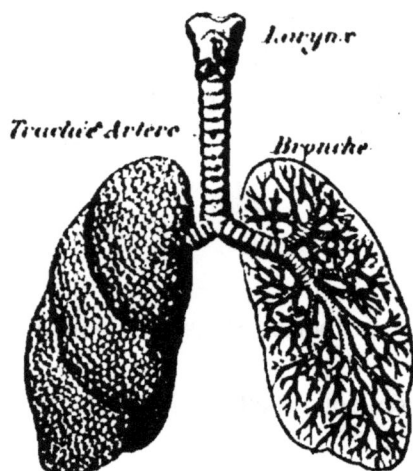

Fig. 97. — Nos poumons.

D'autre part, les parois de ces cavités ou *vésicules pulmonaires* sont sillonnées par les ramifications des artères pulmonaires qui contiennent le sang venant du cœur.

Enfin, les poumons sont entourés d'une double enveloppe ou peau très fine, formant entre ses deux parois une poche hermétiquement close ; le feuillet externe tapisse la poitrine, tandis que le feuillet interne adhère à la surface des poumons.

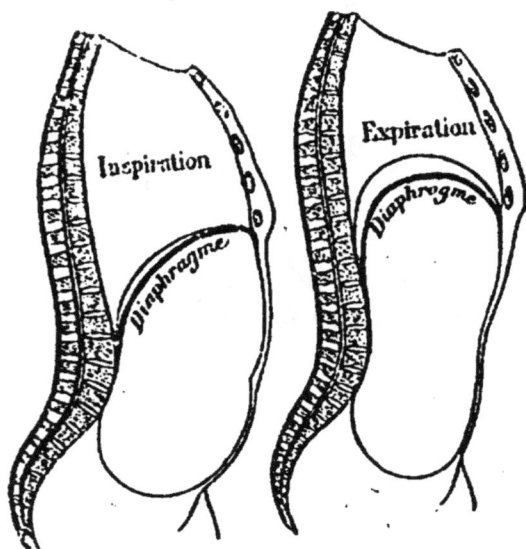

Fig. 98. — Figure théorique montrant la position des côtes et du diaphragme pendant l'inspiration et l'expiration.

127. Mécanisme de la respiration. — Pour faire pénétrer l'air dans les poumons, la poitrine s'agrandit par le mouvement des côtes qui s'élèvent et du diaphragme qui s'abaisse. Les poumons, adhérant à la double enveloppe qui les entoure et qui suit les mouvements de la poitrine, augmentent aussi de volume ; l'air est aspiré et pénètre dans toutes les vésicules pulmonaires. Quand nous expirons, la poitrine s'aplatit et chasse l'air au dehors.

128. Changements subis par le sang et par l'air. — Le sang, dans les vaisseaux, est chargé d'acide carbonique et de vapeur d'eau ; l'air, dans les vésicules pulmonaires, est composé d'azote et d'oxygène.

Le sang et l'air sont seulement séparés par une double paroi extrêmement mince. Quand l'air sort, il contient du gaz carbonique, ainsi qu'on peut s'en convaincre en le faisant barboter dans de l'eau de chaux qu'il trouble ; il contient aussi de la vapeur d'eau qui se condense au contact d'un corps froid, comme un miroir ; d'autre part, il a perdu son oxygène ; le sang au contraire a repris ses propriétés. Nous pouvons donc en conclure qu'un double

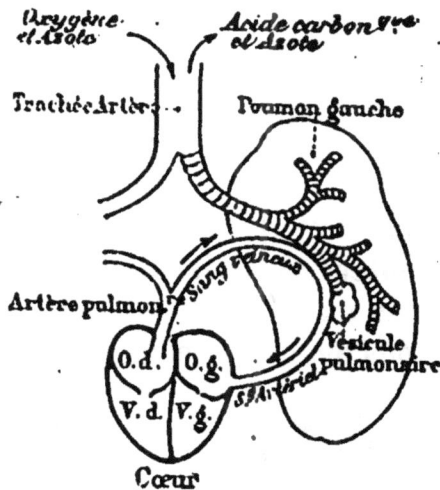

Fig. 99. — Figure théorique de la respiration.

échange s'est fait à travers les parois des vésicules pulmonaires et des vaisseaux sanguins : *l'oxygène de l'air est passé dans le sang ; le gaz carbonique et la vapeur d'eau contenus dans le sang sont rejetés avec l'air expiré.*

RÉSUMÉ

126. Pour accomplir ses fonctions, le sang doit renfermer de l'*oxygène*.

127. C'est dans les *poumons*, au contact de l'air, que le sang se

charge d'oxygène. — Les poumons sont des sortes de sacs extrêmement ramifiés dans lequel l'air pénètre.

128. Le sang, dans les vaisseaux sanguins, l'air, dans les vésicules pulmonaires, font un *échange* à travers la membrane qui les
sépare : *le sang prend l'oxygène de l'air et laisse échapper le
gaz carbonique et la vapeur d'eau.*

DEVOIR. — *Quels sont les changements subis par l'air
et par le sang dans les poumons.'*

❋ ❋ ❋

26ᵉ LEÇON

LES SÉCRÉTIONS. — LA PEAU

129. Les sécrétions. — Il ne suffit pas de remplacer
les matériaux usés de notre corps, il faut aussi enlever les
résidus ou déchets.

Nous avons vu comment la combustion qui s'opère au
moyen de l'oxygène du sang, enlève le carbone et l'hydrogène ; les matières *azotées* sont élimi-
nées par les sécré-
tions. Les principales
sont la **sueur** et l'**u-
rine**.

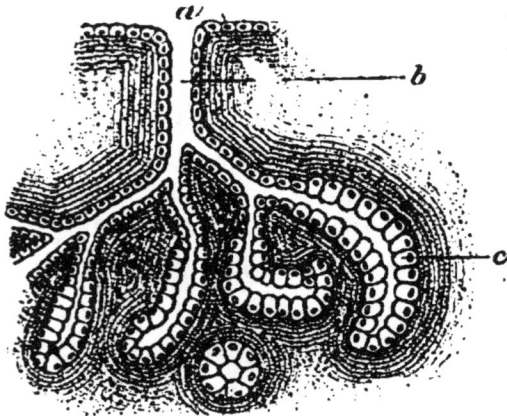

Fig. 100. — Une glande.

a, orifice du canal excréteur *b.*

**130. Les orga-
nes de la sécré-
tion.** — Nous avons
étudié déjà un cer-
tain nombre de sécrétions en parlant de la digestion : la

salive, le suc pancréatique ainsi que la bile sont des produits sécrétés.

La peau qui tapisse l'intérieur de nos organes et que l'on nomme muqueuse, est le siège de sécrétions continuelles, mais le plus souvent l'organe sécréteur est une **glande**.

Les parois des glandes sont très riches en vaisseaux sanguins et le liquide sécrété est produit par la filtration à travers les parois de la glande de certaines matières contenues dans le sang. C'est au moins ce qui a lieu pour la sueur et pour l'urine.

131. La sueur. — La sueur se montre à la surface de la peau, à l'orifice de petits conduits excréteurs. Ces ouvertures nommées pores se distinguent aisément à la loupe. Ce liquide est sécrété par des glandes appelées glandes *sudoripares*, situées dans l'épaisseur de la peau.

La sueur est formée en grande partie d'eau contenant en dissolution des matières azotées, telles que l'urée et l'acide urique.

Elle est produite en plus grande abondance pendant l'été que pendant l'hiver, quand nous travaillons ou que

Fig. 101. — Coupe de la peau montrant l'épiderme A, le derme B et, dans l'épaisseur, une glande sudoripare *d*.
a, pore ; *b*, poil ; *f*, vaisseau sanguin ; *e*, nerf.

nous nous livrons à des exercices violents, quand nous avons chaud. Mais alors l'évaporation qui se produit à la surface de la peau, refroidit notre corps et vient empêcher l'augmentation de température qui résulterait d'une combustion plus rapide.

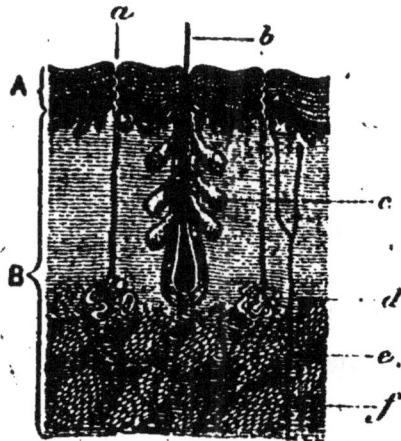

La sueur est donc en même temps qu'un *produit d'élimination*, un *régulateur* de la chaleur animale.

132. L'urine. — L'urine est sécrétée par deux organes nommés *reins* situés dans la région abdominale, de chaque côté de la colonne vertébrale.

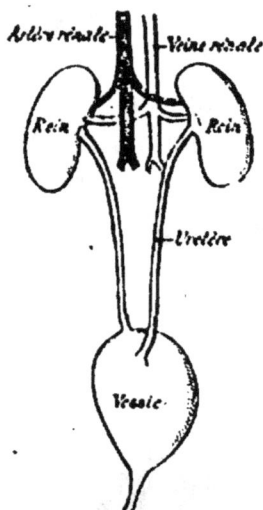

Le sang amené dans les reins par de nombreux vaisseaux est en quelque sorte *filtré* ; l'eau en excès et certains sels ammoniacaux, l'urée et l'acide urique, sont éliminés. Le liquide sécrété s'accumule dans la vessie, d'où il est expulsé au dehors.

Fig. 102. — Appareil urinaire.

133. Importance des sécrétions. — Les matières azotées qui sont éliminées par ces sécrétions, sont mises en évidence par l'odeur ammoniacale qui s'en dégage quand elles fermentent : c'est ce qui a lieu dans le purin formé par l'urine des animaux.

Si ces matières restaient dans le sang, elles nous empoisonneraient. Il est indispensable que ces fonctions s'établissent avec la plus grande régularité.

RÉSUMÉ

129. Les sécrétions *éliminent* de notre corps les *matières azotées* qui ne peuvent plus servir. Les principales sont la *sueur* et l'*urine*.

130-131. La sueur est sécrétée par de petites glandes appelées glandes *sudoripares* et situées dans l'épaisseur de la peau.

132. L'urine est sécrétée par les *reins* dans lesquels le sang subit une sorte de filtration.

133. Les sécrétions sont des *fonctions importantes* qui doivent s'accomplir très régulièrement pour que notre corps se maintienne en bonne santé.

DEVOIR. — *Dites en quoi consistent les sécrétions, et quelles sont les principales sécrétions.*

※ ※ ※

27° LEÇON

HYGIÈNE DE LA NUTRITION

134. Hygiène. — Les différentes fonctions de la nutrition doivent s'accomplir régulièrement si nous voulons conserver notre corps en bon état. Pour cela nous devons suivre certaines règles qui constituent l'hygiène de la nutrition.

1° Hygiène de la digestion.

135. Comment nous devons manger. — *Nous devons manger sobrement:* l'abus des aliments fatigue les organes chargés de les digérer, sans profit d'ailleurs pour notre alimentation.

La *régularité des repas* est aussi une des conditions du bon fonctionnement de nos organes; l'estomac s'habitue à fonctionner aux mêmes heures.

Il faut *manger lentement* et bien *mâcher les aliments.* L'action des sucs digestifs ne s'exerce bien que s'ils peuvent pénétrer toute la masse. Il en résulte que nous devons prendre grand soin de nos dents destinées à broyer les aliments; nous devons les laver chaque jour avec une brosse douce, et après chaque repas pour les empêcher de se gâter.

Après les repas, pendant la digestion qui dure deux ou trois heures, un exercice modéré est utile; mais des exercices trop violents pourraient arrêter la digestion.

Il est extrêmement dangereux de prendre un bain avant que la digestion ne soit entièrement terminée.

136. Choix des aliments. — Les aliments doivent être sains et variés. Les légumes frais, ou bien conservés, constituent une nourriture agréable et saine. Certaines viandes, provenant d'animaux malades, peuvent être dangereuses : la viande de porc *trichiné* ou *ladre*, de moutons atteints de charbon, de vaches tuberculeuses, doit être rejetée ou consommée seulement après avoir été bien cuite.

Le lait provenant des vaches tuberculeuses ne doit être employé qu'après avoir été bouilli.

137. Hygiène des boissons. — Les boissons sont utiles pour faciliter la digestion. La plus *saine* et la seule *indispensable* est l'eau naturelle de bonne qualité.

Cependant on fabrique certaines boissons aromatiques comme le thé, le café, des infusions de fleurs et de feuilles qui sont agréables et sans danger pour la santé; d'autres, comme les eaux gazeuses, les sirops de fruits sont rafraîchissantes et peuvent également être consommées sans inconvénient.

Les boissons fermentées sont le vin, la bière, le cidre; elles contiennent toutes une certaine quantité d'alcool qui s'y est développé par la fermentation. Ces boissons sont agréables et peuvent être prises en quantité modérée, à la condition cependant qu'elles n'aient pas été falsifiées.

138. Alcoolisme. — Mais l'abus de ces boissons cause l'ivresse et conduit à l'alcoolisme, un des plus terribles fléaux de notre temps. L'alcoolisme atteint tous les organes du corps et particulièrement ceux de la nutrition.

L'estomac de l'alcoolique est désorganisé et ne fonc-

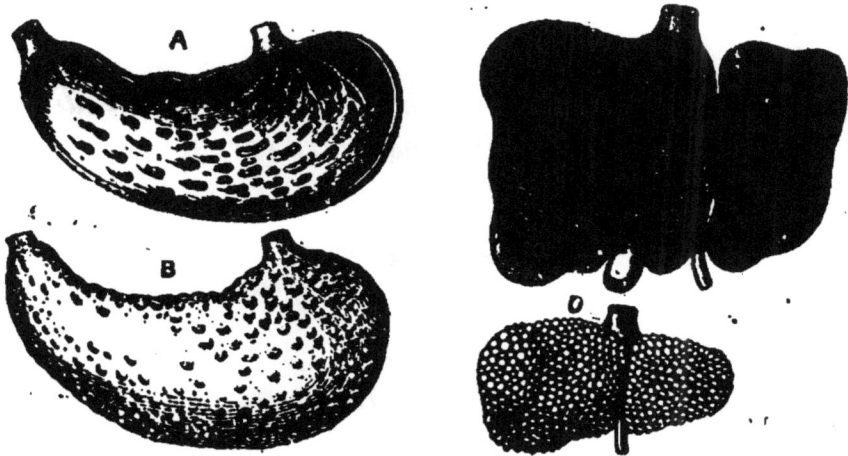

Fig. 103. — Action de l'alcool sur nos organes.

A, Estomac sain ; B, Estomac altéré (gastrite) ; C, Foie sain, D, Foie atrophié (cirrhose).

tionne plus. Le foie se durcit ou se couvre de graisse ; il ne remplit plus ses fonctions.

L'alcool et les boissons alcooliques distillées, liqueurs, essences, amers, apéritifs, produisent les mêmes effets, mais beaucoup plus rapidement encore. *Tous les alcools sont des poisons que nous devons écarter de notre alimentation.*

RÉSUMÉ

134. Les fonctions de la nutrition doivent s'accomplir régulièrement si nous voulons conserver notre corps en bonne santé.

135. Nous devons manger *sobrement ;* les repas seront *réguliers,* les aliments bien *mâchés* et avalés lentement pour faciliter la digestion.

136. La nourriture doit être saine et variée; les viandes provenant d'animaux malades doivent être écartées.

137. Les boissons sont nécessaires : l'*eau* est la meilleure et la plus saine, le *vin*, la *bière* et le *cidre*, peuvent être absorbés en petite quantité, mais pris en excès ils conduisent à l'*alcoolisme*.

138. L'alcool et les boissons alcooliques doivent être rejetés de notre alimentation.

DEVOIR. — *Montrez les dangers de l'alcool et indiquez les désordres qu'il produit dans notre corps.*

✳ ✳ ✳

28ᵉ LEÇON

HYGIÈNE DE LA NUTRITION (*suite*).

139. Hygiène de la circulation. — Le sang doit circuler *librement* dans toutes les parties du corps, c'est pour cela que les organes de la circulation ne doivent pas être comprimés. Si le cou ou les membres sont trop serrés, le sang ne circule pas ; il peut en résulter des troubles.

Certaines causes, une chaleur trop grande, le passage brusque à l'air froid, peuvent causer un arrêt de la circulation dans le cerveau ou dans les poumons : il y a *congestion ;* les alcooliques, plus que les autres, sont prédisposés aux congestions.

140. Hémorragies. — Quand un vaisseau sanguin est coupé, le sang coule et il se produit une *hémorragie*. Si le sang est rouge vermeil et sort par saccades, le vaisseau atteint est une artère ; la blessure est grave parce que

l'ouverture de l'artère cherche à s'agrandir en raison de
l'élasticité de son en-
veloppe. Il faut essayer
d'arrêter le sang en
liant fortement le
membre au-dessus de
la coupure et appeler
aussitôt le médecin.

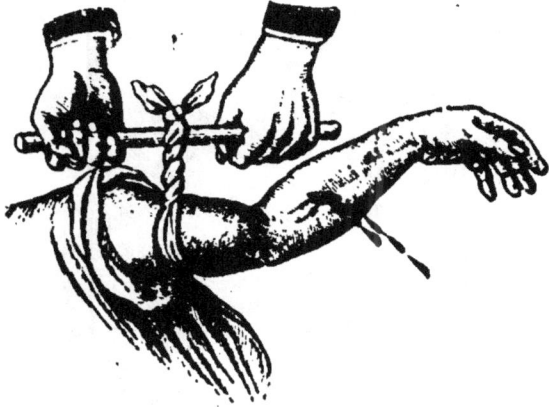

Si le sang est noir
et coule régulière-
ment, c'est une veine
qui a été atteinte ; la
blessure se ferme gé-
néralement seule, sauf
lorsqu'il s'agit d'une
grosse veine ; il suffit

Fig. 104. — On arrête l'hémorragie en comprimant le membre au-
dessus de la blessure.

après avoir lavé la blessure de l'entourer avec un
linge.

**141. Hygiène de la respira-
tion.** — L'air que nous respirons doit
surtout être pur et ne pas contenir de
gaz ou de germes organiques dangereux à respirer.

Dans la campagne, l'air est généralement sain, dans les villes, au contraire, il est vicié par la respiration
et les nombreuses combustions. On
plante des arbres, on crée des jardins
publics pour chercher à le purifier.

Dans les appartements, l'air est
aussi rapidement vicié, soit par les

Fig. 105. — Poêle
mobile ; laisse déga-
ger de l'oxyde de car-
bone qui vicie l'air.

combustions, soit par la respiration des personnes. Certains appareils de chauffage, les poêles en fonte, laissent dégager des gaz comme l'oxyde de carbone, qui sont

de véritables poisons. Ces appareils devraient être pros-crits. Dans les pièces où séjournent un grand nombre de personnes, il faut *aérer* et *ventiler* souvent pour renouveler l'air.

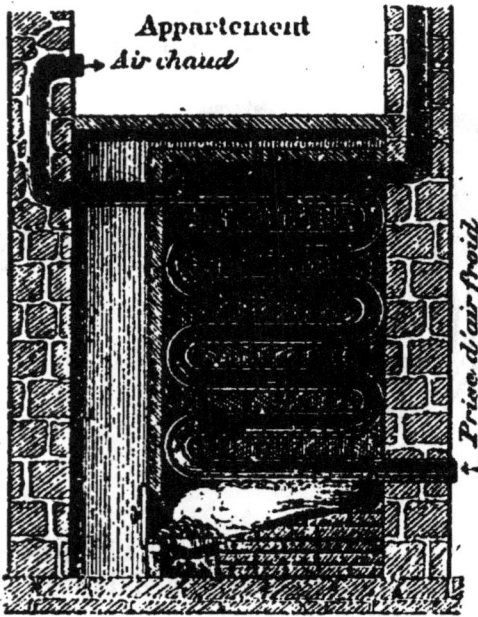

Fig. 106. — Les calorifères sont d'excellents appareils de chauffage qui ne laissent dégager aucun gaz délétère dans les appartements.

Les organes de la respiration peuvent en outre être atteints de maladies nombreuses ; les rhumes de poitrine, les bronchites, les pleurésies, les pneumonies, sont des inflammations de la gorge, des bronches ou des poumons. On peut les éviter, en partie au moins, en prenant des précautions quand l'air est froid et humide.

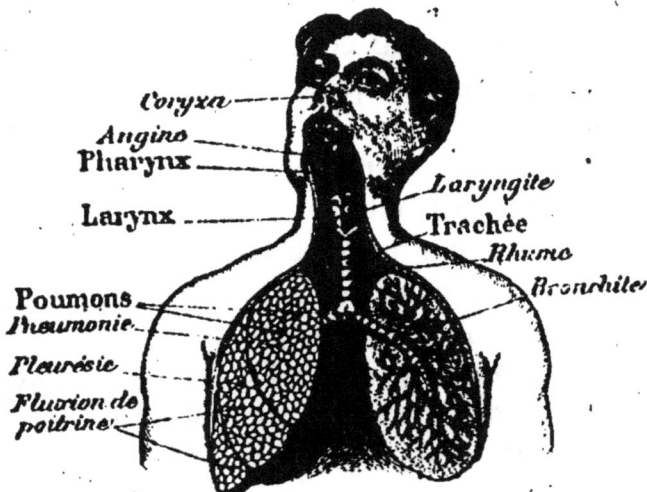

Fig. 107. — Affections des organes de la respiration.

142. Tuberculose. — L'affection la plus grave qui puisse atteindre les poumons est la **tuberculose**. La tuberculose est occasionnée par le développement d'un germe organisé appelé *microbe* ou bacille qui détruit le tissu des poumons et amène la mort. Cette maladie est *contagieuse*.

L'introduction du germe dans les poumons, par la respiration, peut amener la tuberculose. Or, les crachats et la salive des tuberculeux contiennent ce germe en quantité considérable. On voit donc le danger qu'il y a à cracher par terre, à tourner les pages d'un livre avec son doigt mouillé, à mettre dans sa bouche des objets, crayons ou porte-plumes. Le germe déposé par la salive, ou resté par terre après l'évaporation du crachat, peut occasionner la maladie. Le balayage humide et l'époussetage humide doivent être seuls employés.

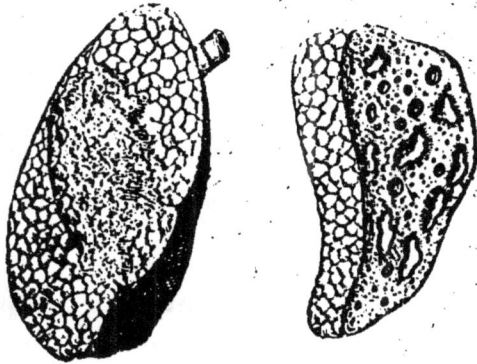

Fig. 108. — Poumon de tuberculeux.

La figure de droite montre les cavernes produites par le développement du bacille.

N'oublions pas non plus que la tuberculose est *curable*. Les cures d'air ont, à cet effet, les plus heureux résultats.

RÉSUMÉ

139. Le sang doit circuler librement dans nos organes : il ne faut donc pas qu'ils soient comprimés.

140. Une *hémorragie* est occasionnée par la coupure d'un vaisseau sanguin ; elle est moins dangereuse lorsqu'il s'agit d'une veine ; elle est plus grave lorsque c'est une artère qui est atteinte.

141. Nous avons besoin de respirer un *air pur ;* aussi nous devons aérer fréquemment et largement nos appartements.

142. La tuberculose est une maladie causée par un *bacille* qui attaque principalement nos poumons. Elle est *contagieuse*, mais elle est *curable.*

DEVOIR. — *Pourquoi faut-il aérer ? Quelles précautions doit-on prendre pour le balayage et l'époussetage des appartements ?*

❊ ❊ ❊

20ᵉ LEÇON

SQUELETTE ET OS

143. Les os; leur composition. — Les tissus mous du corps de l'homme sont soutenus par les *os* qui en constituent la charpente ou *squelette*.

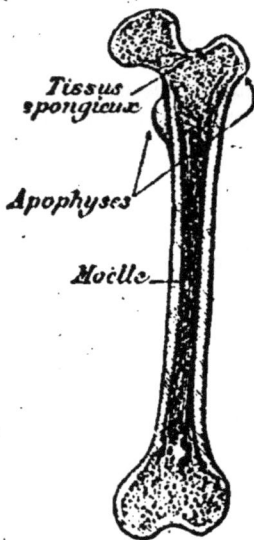

Fig. 109. — Coupe d'un os long montrant le canal intérieur rempli de moelle.

Les os sont des corps durs, longs ou plats. Si l'on fait tremper un os dans un acide, de l'acide chlorhydrique ou du fort vinaigre, il devient mou et flexible, et ne présente plus qu'une substance organique, gélatineuse, que l'on appelle *osséine*. La matière résistante qui a disparu, dissoute dans l'acide, est formée de *carbonate* et de *phosphate de chaux*. — En calcinant un os c'est au contraire l'osséine qui disparaît, et il ne reste plus que la substance minérale sous forme d'une poudre grisâtre.

Dans le jeune âge, les os contiennent peu de matière minérale; ils sont mous et peu résistants.

Les os longs présentent un canal intérieur rempli de moelle.

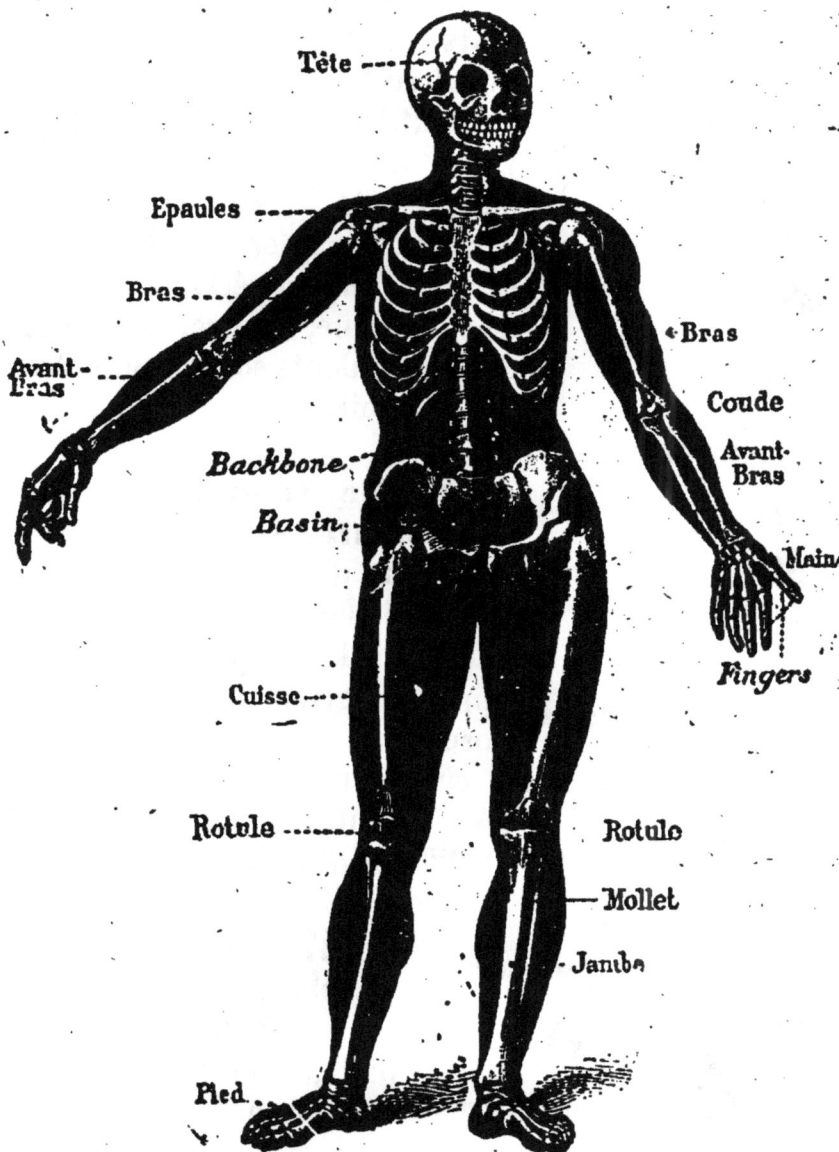

Tête

Epaules

Bras

Avant-Bras

Backbone

Basin

Cuisse

Rotule

Pied

Bras

Coude

Avant-Bras

Main

Fingers

Rotule

Mollet

Jambe

Fig. 110. — Squelette de l'homme.

144. Le squelette. —. Le squelette est formé de trois parties correspondant aux trois parties essentielles du corps de l'homme : la tête, le tronc et les membres.

145. La tête. —

La tête comprend les os du *crâne*, qui forment en arrière une boîte osseuse contenant le cerveau ; ces os sont plats et soudés entre eux. — En avant se trouvent les *os de la face*; en haut les *orbites* où sont logés les yeux, au-dessous les *os du nez*, de chaque côté les os des *pommettes* et à la partie inférieure les deux *mâchoires*, l'une supérieure, fixe et soudée au crâne, l'autre, mobile et articulée ; les dents sont implantées dans les mâchoires.

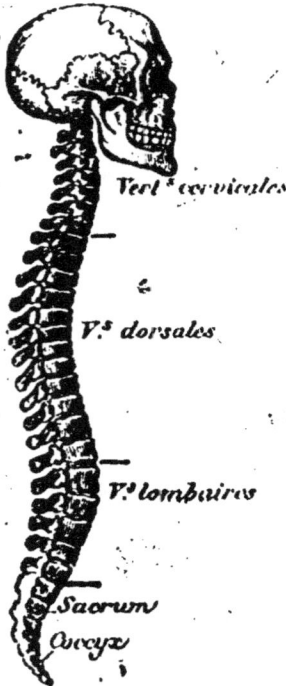

Vert. cervicales

V. dorsales

V. lombaires

Sacrum

Coccyx

Fig. 111. — Tête et colonne vertébrale.

146. Le tronc. — Colonne vertébrale. —

Le tronc est formé en arrière d'une colonne osseuse par tant de la base du crâne.

Elle est composée de petits os appelés vertèbres qui sont superposés et percés d'une ouverture de manière à former un canal intérieur qui s'étend dans toute la longueur de la *colonne vertébrale*.

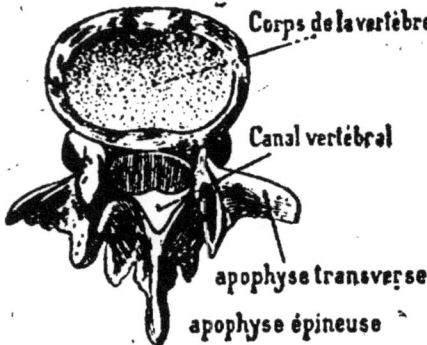

Corps de la vertèbre

Canal vertébral

apophyse transverse

apophyse épineuse

Fig. 112. — Une vertèbre.

147. Les côtes. —

Aux vertèbres de la région dorsale sont attachées les *côtes*, os plats, recourbés en demi-cercle et reliés en avant à un os appelé *sternum*, de manière à former une sorte de cage appelée *cage thoracique*.

Le tronc est limité : 1° à la partie supérieure, par les os de l'épaule à laquelle se rattache le bras ; l'épaule comprend, en arrière, l'*omoplate* et, en avant, la *clavicule* qui rejoint le sternum ; 2° en bas, par les os du bassin qui soutiennent tous les organes de la nutrition et qui comprennent l'os de la *hanche* à laquelle s'attache la cuisse.

148. Les membres. — Les membres supérieurs et les membres inférieurs sont formés d'os correspondants, en même nombre, et disposés de la même façon.

Dans les membres supérieurs :	Dans les membres inférieurs :
Le bras formé d'un os, l'*humérus*.	La cuisse formée du *fémur*.
L'avant-bras, de deux os, le *radius* et le *cubitus*.	La jambe, de deux os, le *tibia* et le *péroné*.
Le poignet, des os du *carpe*.	Le talon, des os du *tarse*.
La main, de cinq os, le *métacarpe*.	Les pieds, de cinq os, le *métatarse*.
Les doigts, des *phalanges*.	Les orteils, même nombre de phalanges que les doigts.

Entre la cuisse et la jambe, un os rond, la *rotule*, forme le genou.

RÉSUMÉ

143. La charpente du corps, ou *squelette*, est composée d'os, les uns longs, les autres plats. Les os sont formés d'une *substance minérale* et d'une *substance organique* nommée l'*osséine*.

144. Le squelette comprend trois parties : la *tête*, le *tronc* et les *membres*.

145. La tête est composée des os du *crâne* et de la *face*.

146. Le tronc est formé de la *colonne vertébrale*, des *côtes*, du *sternum* et des os du *bassin*.

147. Les membres supérieurs et les membres inférieurs comprennent un même nombre d'os, correspondants et disposés de la même façon.

DEVOIR. — *Quelle est la composition des os? Indiquez les principales parties du squelette.*

ARTICULATIONS. — MUSCLES, MOUVEMENTS

149. Il y a plusieurs sortes d'articulations. — Les os sont soudés entre eux comme les os de la tête, ou rattachés les uns aux autres par des ligaments qui leur permettent de se mouvoir les uns sur les autres : les premiers sont des *articulations fixes*, les autres des *articulations mobiles ;* parmi ces dernières, les unes ne permettent aux os que des mouvements peu étendus, comme les côtes par rapport à la colonne vertébrale, les autres, au contraire, permettent aux os de se replier et de tourner les uns sur les autres, comme les mouvements du bras et de l'avant-bras.

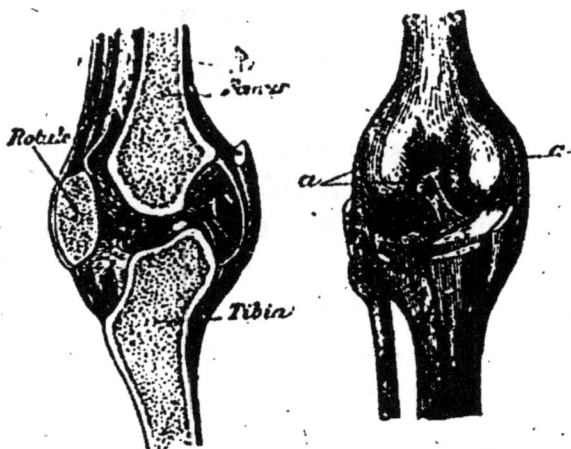

Fig. 113. — Articulation du genou.
a. a, ligaments qui rattachent l'os de la cuisse à ceux de la jambe.

150. Les muscles. — Les os sont recouverts de chair qui constitue la partie maigre de la viande. Examinée attentivement la chair se présente sous forme de faisceaux rougeâtres qui prennent une teinte plus blanche et sont plus durs aux environs des os.

La partie rouge centrale est un *muscle* terminé aux deux

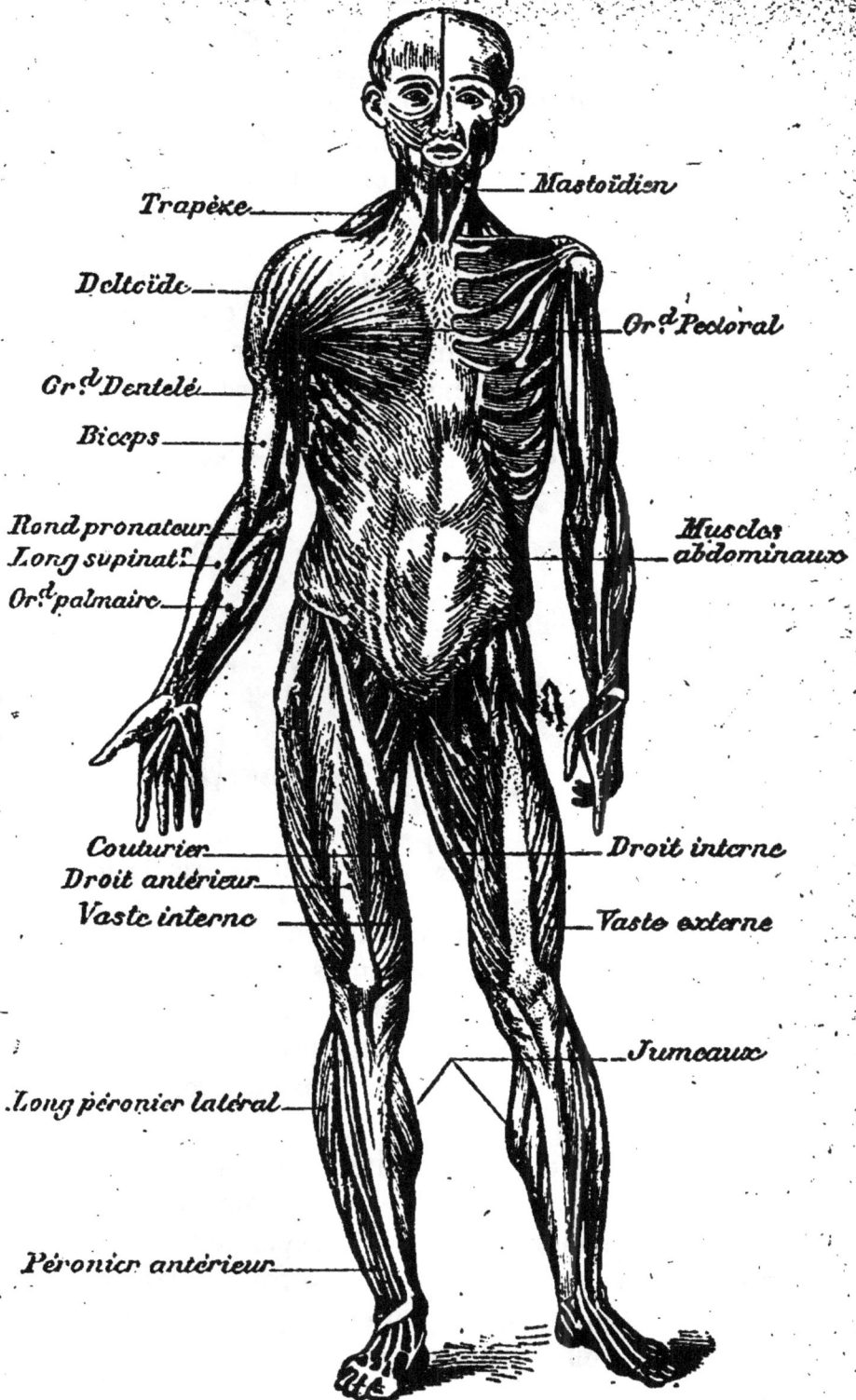

Trapèze

Deltoïde

Gr.^d Dentelé

Biceps

Rond pronateur
Long supinat^r
Gr.^d palmaire

Mastoïdien

Gr.^d Pectoral

Muscles
abdominaux

Couturier
Droit antérieur
Vaste interne

Droit interne

Vaste externe

Jumeaux

Long péronier latéral

Péronier antérieur

Fig. 114. — Nos muscles.

extrémités par des *tendons* qui rattachent les muscles aux os ; c'est improprement, comme nous le verrons dans la prochaine leçon, que l'on donne le nom de nerfs à ces tendons.

151. Comment est produit le mouvement. — Quand nous voulons faire un mouvement, replier le bras sur l'avant-bras par exemple, le muscle qui relie ces deux parties, et que l'on nomme *biceps,* se *raccourcit* en *augmen-*

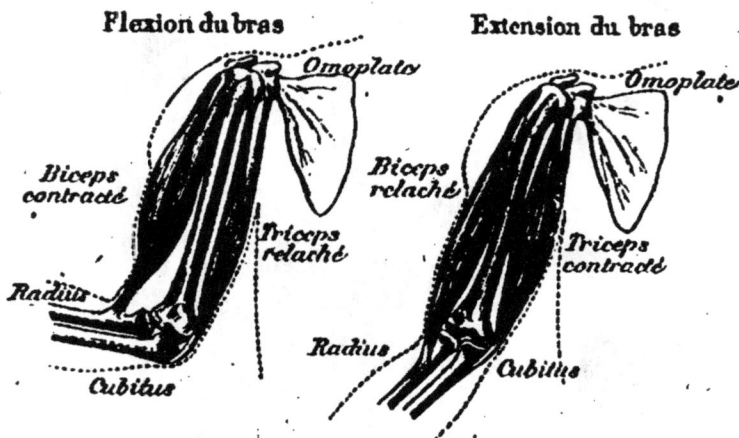

Fig. 115. — Mouvement de l'avant-bras sur le bras.

tant de volume, ainsi qu'on peut le vérifier en plaçant la main sur le bras. En se raccourcissant, il rapproche les os reliés à ses deux extrémités et produit un mouvement ; un autre muscle situé en arrière du précédent, en agissant à son tour, ramène l'avant-bras dans sa première position, le biceps restant inactif.

Tous les mouvements, petits ou grands, sont produits par l'action des muscles. C'est sous l'empire de la *volonté* que les muscles agissent. Il y a cependant certains mouvements dits involontaires, qui se font indépendamment de nous : les mouvements du cœur par exemple, il ne dépend pas de nous de les supprimer, de les activer, ou de les ralentir.

Les muscles sont donc bien les organes du mouvement, nous allons étudier sous l'influence de quelle action ils se contractent ou se dilatent.

RÉSUMÉ

149. — Les os sont reliés entre eux par des *articulations* : il y a des articulations *fixes*, comme celles des os de la tête, et des articulations *mobiles* qui permettent des *mouvements*.

150. — La chair est formée de fibres qui ont la propriété de se *contracter*. Ces fibres réunies en faisceaux forment les *muscles* qui rattachent les os les uns aux autres au moyen des *tendons*.

151. — Les muscles, en se contractant, font mouvoir les os et produisent les *mouvements*.

DEVOIR. — *Comment sont produits les mouvements? Donnez un exemple pour montrer quel est le rôle du muscle.*

✳ ✳ ✳

31ᵉ LEÇON

CERVEAU. — NERFS

152. Le cerveau organe de la volonté. — Les muscles ne se contractent que lorsque nous le *voulons*, du moins en ce qui concerne les mouvements volontaires. Quel est donc le siège de la volonté? C'est le **cerveau** qui, comme nous l'avons vu, est logé dans le crâne.

Le cerveau est une masse grisâtre à l'extérieur, blanche intérieurement, molle et présentant à sa surface des sillons

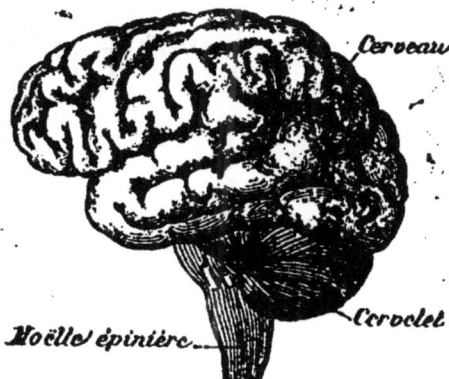

Fig. 116. — Le cerveau.

irréguliers que l'on appelle circonvolutions du cerveau.

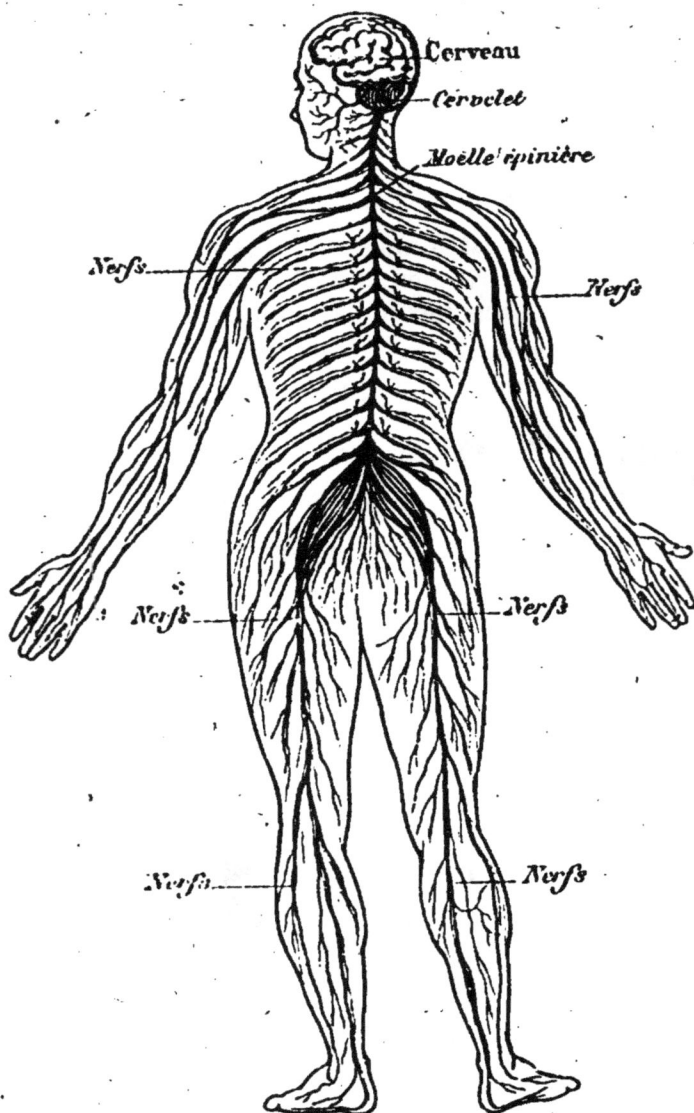

Cerveau

Cervelet

Moëlle épinière

Nerfs

Nerfs

Nerfs

Nerfs

Nerfs

Nerfs

Fig. 117. — Système nerveux.

Un sillon plus profond divise la masse du cerveau en deux parties.

Le cerveau se continue par le **cervelet**, placé au-dessous,

et par la **moelle épinière** qui est logée dans la colonne
vertébrale. De la moelle épinière se détachent de chaque
côté, et passent par une ouverture pratiquée entre chaque
vertèbre des cordons blanchâtres appelés **nerfs** qui vont
se répandre et se ramifier dans les différents organes de
notre corps. Du cerveau se détachent également plusieurs
paires de nerfs qui se rendent aux organes de la tête et
particulièrement aux organes des sens.

Si l'on vient à trancher la moelle épinière et à la séparer
du cerveau, toute la partie située au-dessous est paralysée
et reste sans mouvement. Si l'on coupe un nerf desservant
un membre seulement, ce membre reste inerte et incapable
d'aucun mouvement. Ceci explique donc bien que *le
cerveau est le siège de la volonté* et que l'ordre qu'il
transmet aux muscles se fait par l'intermédiaire des nerfs :
les nerfs sont des organes moteurs.

153. Le cerveau organe de la sensibilité. —

Mais le cerveau est aussi le siège de la *sensibilité*. Quand
nous nous brûlons ou
quand nous nous piquons,
nous éprouvons une sensa-
tion de douleur : l'expé-
rience de tout à l'heure
nous montrerait également
qu'une partie du corps isolée de la colonne verté-
brale et du cerveau serait
insensible à la douleur. *Les
nerfs sont donc,* en même
temps, *des organes de la
sensibilité.* Les ramifica-

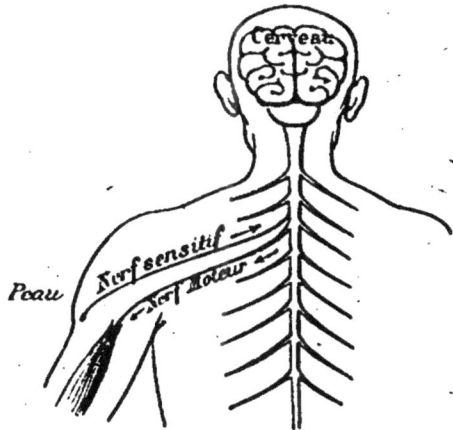

Fig. 118. — Fonctions des nerfs.

tions des nerfs sensitifs sont infinies, puisque nous ne
pouvons toucher une partie de notre corps sans en avoir
la sensation.

En résumé, le cerveau est le siège de la **volonté**, d'où *partent* les ordres qui vont contracter les muscles et produire les mouvements ; les nerfs moteurs et la colonne vertébrale sont les organes *transmetteurs*. Le cerveau est aussi le siège de la **sensibilité** où *arrivent*, par l'intermédiaire des nerfs sensitifs, les impressions produites sur les différentes parties de notre corps. Le cerveau est en outre le siège de l'**intelligence**.

Ce rôle important du cerveau et du système nerveux nous explique pourquoi la moindre atteinte à ces organes peut amener des désordres graves et souvent mortels.

RÉSUMÉ

152. Le *cerveau* est formé d'une masse de *tissu nerveux* logée dans le crâne ; il est en communication avec la *moelle épinière* logée dans la colonne vertébrale. Le cerveau et la moelle épinière donnent naissance aux *nerfs* qui se ramifient dans tout notre corps.

153. Certains nerfs sont *moteurs* et vont exciter les muscles pour produire les mouvements sous l'influence de la volonté.

D'autres sont *sensibles* et rapportent au cerveau les impressions reçues par notre corps.

Le cerveau est à la fois le siège de la *volonté*, de la *sensibilité* et de l'*intelligence*.

DEVOIR. — *Montrez quel est le double rôle des nerfs. Qu'appelle-t-on nerfs moteurs et nerfs sensitifs ?*

❄ ❄ ❄

32ᵉ LEÇON

LES ORGANES DES SENS

154. Les cinq sens. — Les *sens* nous donnent la notion de certaines propriétés spéciales des corps. Ils s'exercent au moyen d'organes en communication avec le système

nerveux par les nerfs crâniens. La *vue* a pour organe l'œil ;
l'*ouïe* a pour organe l'oreille ; le *goût* qui nous fait connaître
la saveur des corps, l'*odorat* qui nous fait connaître leur
odeur ont pour organes, le premier, la bouche et la langue,
le deuxième, le nez. L'organe du *toucher* est la peau, mais
plus particulièrement certaines parties de notre corps,
comme la main.

155. L'œil. — L'œil a la forme d'un globe creux ; il
comprend essentiellement : 1° une membrane sensible
appelée *rétine* placée au
fond ; 2° en avant, et séparé
de la rétine par une chambre
contenant de l'eau, le *cristallin,* sorte de lentille ou
verre grossissant ; 3° devant
le cristallin, un voile ou ri-
deau nommé *iris* qui est
percé d'une ouverture appelée *pupille.* — Les rayons
lumineux venant du corps
éclairé traversent la pupille
et le cristallin qui les con-
centre en un point de la rétine où se forme l'image des

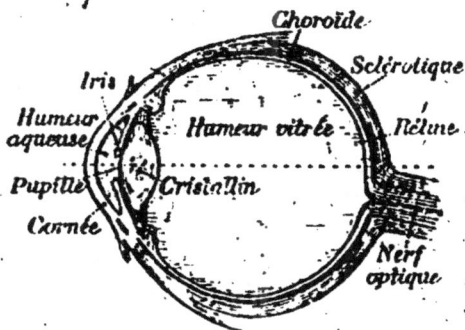

Fig. 119. — Coupe de l'œil.

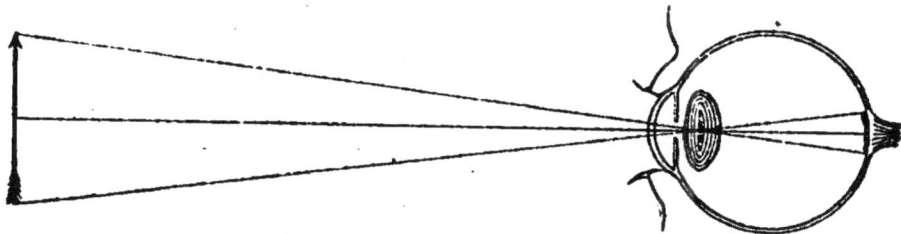

Fig. 120. — L'image de l'objet se produit *renversée,* au fond de l'œil
sur la rétine.

objets extérieurs. L'impression produite par cette image
est transmise au cerveau par le *nerf optique.*

Des organes protecteurs, la cornée transparente, sorte de verre transparent, les paupières, les cils, les sourcils, entourent l'œil.

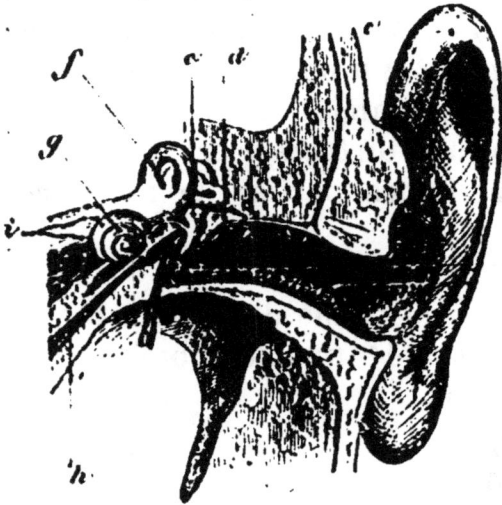

Fig. 121. — L'oreille.

c, pavillon ; a, tuyau auditif ; b, tympan ; d, e, chaîne d'osselets ; f, g, cavité (limaçon) contenant un liquide ; i, nerf acoustique ; h, trompe d'Eustache.

156. Oreille. —

L'oreille se compose d'un *tuyau* qui conduit les sons, d'une membrane vibratoire, le *tympan*, d'une *chaîne d'osselets* faisant correspondre ce dernier avec les *membranes* de la fenêtre ronde et de la fenêtre ovale, enfin d'un *liquide* contenu dans une cavité fermée et dans laquelle viennent baigner les ramifications du *nerf acoustique*.

Les sons recueillis par le pavillon de l'oreille, sont conduits par le tuyau externe de l'oreille à la membrane du tympan qu'ils font *vibrer*. Ces *vibrations* se propagent aux membranes de la fenêtre ronde et de la fenêtre ovale par la chaîne des osselets, et de là au liquide qui baigne le nerf acoustique ; l'impression reçue par ce dernier est transmise au cerveau.

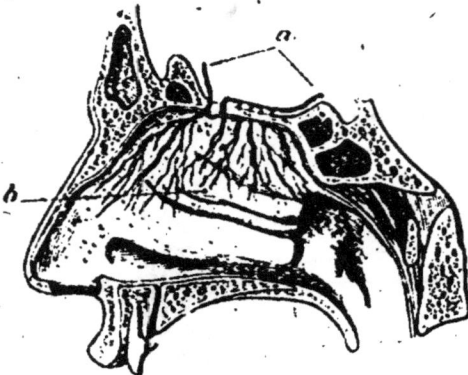

Fig. 122. — Coupe du nez.

a, nerf olfactif ; b, fosses nasales et sinus.

157. Odorat. — C'est sur le passage de l'air aspiré

dans l'acte de la respiration, c'est-à-dire dans le *nez*, que se trouve le siège de l'odorat ; la membrane muqueuse qui tapisse l'intérieur, et qui forme plusieurs replis ou sinus pour en augmenter la surface, est tapissée par les ramifi-cations du *nerf olfac-tif* qu'impressionnent les odeurs répandues dans l'air respiré.

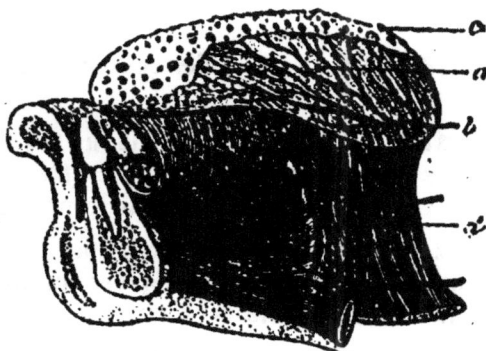

158. Le goût. —

L'organe du goût est principalement la lan-gue qui porte à la base un certain nombre de *papilles,* où viennent s'épanouir de nom-breuses ramifications

Fig. 123. — Coupe de la langue.

a, masse charnue dans laquelle se ramifie le nerf du goût *b; c,* papilles nerveuses; *d,* muscle qui fait mouvoir la langue.

nerveuses. Les aliments en passant sur la langue impres-sionnent ces nerfs et la sensation est perçue au cer-veau.

159. Le toucher. — La peau est enfin le siège du

toucher. Dans l'épais-seur de la peau, au-dessous de l'épi-derme, sont des *pa-pilles* nerveuses, for-mées par des rami-fications nombreuses des *nerfs sensitifs,* qui sont impression-nées par le contact des corps. Ces pa-pilles sont dissémi-

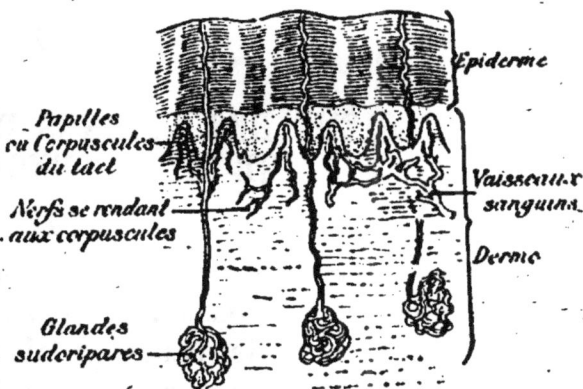

Fig. 124. — Coupe de la peau, très grossie.

nées par tout le corps, mais sont surtout nombreuses à

l'extrémité des doigts et à l'intérieur de la main qui est l'organe principal du toucher.

RÉSUMÉ

154. Les organes des sens nous font connaître les propriétés des corps.

155. L'*œil* est l'organe de la *vue* ; l'image des objets placés devant nous vient se peindre sur la *rétine* et l'impressionner ; l'impression est transmise au cerveau par le nerf *optique*.

156. Les *sons* sont perçus par l'*oreille* ; les vibrations sont reçues par le tympan, communiquées au *nerf acoustique* par les osselets, puis transmises au cerveau.

157-158. Le *nez* est l'organe de l'*odorat*, et la *langue* est le siège du *goût*.

159. Le *toucher* a pour organe la *peau* ; il s'exerce principalement à l'extrémité des doigts.

DEVOIR. — *Faites la description de l'œil, et expliquez le mécanisme de la vision.*

✳ ✳ ✳

33ᵉ LEÇON

HYGIÈNE DES ORGANES DU MOUVEMENT ET DE LA SENSIBILITÉ

160. Hygiène des os. — Dans le jeune âge, les os sont mous et peu résistants, ils se déforment facilement. On doit donc veiller à ne pas laisser prendre aux enfants de mauvaises habitudes qu'ils conserveraient en vieillissant.

Il y a du danger également à vouloir faire marcher les enfants trop jeunes. Les os des jambes sont trop faibles pour supporter le poids du corps; ils peuvent se déformer.

161. Hygiène des muscles. — Les muscles se développent par l'*exercice,* nous avons pu remarquer le développement qu'acquièrent les membres, bras ou jambes, chez certains ouvriers comme les boulangers,

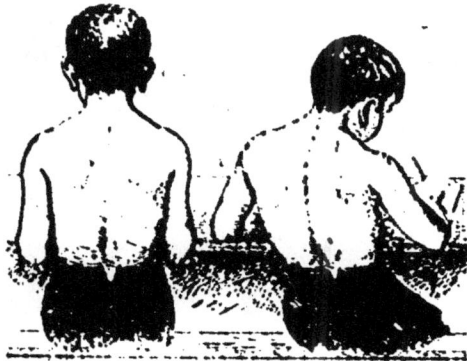

Fig. 125. — Déformation produite par une mauvaise tenue.

les forgerons, etc. Les exercices physiques, la marche, les sports, les mouvements de gymnastique réglés et méthodiques sont donc utiles.

Il ne faut pas oublier cependant qu'un exercice trop violent amène la fatigue et la courbature.

162. Hygiène du cerveau et des nerfs. — Le cerveau et le système nerveux sont surtout atteints par l'*alcoolisme.* L'alcool et l'abus des boissons alcooliques amènent rapidement des troubles nerveux, la perte de la mémoire et les accès de *delirium tremens.* Le tremblement nerveux est aussi une suite de l'alcoolisme.

L'usage immodéré du tabac produit les mêmes effets, quoique à un degré moindre.

163. Hygiène des organes des sens. — Les organes des sens sont en général des organes délicats, faciles à détraquer, nous devons en prendre le plus grand soin en raison des services précieux qu'ils nous rendent.

L'œil est sujet à deux infirmités, la *myopie* et la *pres-*

bytie. Dans la myopie, l'image de l'objet se forme en avant de la rétine, et les myopes doivent rapprocher les objets pour les voir distinctement ; les presbytes doivent, au contraire, les éloigner, parce que l'image se forme en arrière de la rétine. Ce sont là deux infirmités naturelles,

Fig. 126. — Les exercices physiques développent les muscles et sont utiles à la santé.

mais que nous pouvons faire naître quelquefois : ainsi, l'élève qui a la mauvaise habitude de se tenir trop rapproché de son livre ou de son cahier, peut devenir myope.

Les myopes et les presbytes font usage de lunettes à verres appropriés, qui corrigent leur infirmité.

L'oreille porte un organe délicat, le tympan, qui peut être déchiré par un bruit trop violent ou par l'introduction de corps durs et pointus dans l'oreille. Le tuyau extérieur de l'oreille est le siège de la sécrétion d'une matière jaune qui peut l'obstruer si l'on ne prend pas soin de l'enlever.

Quant au goût et à l'odorat, ils peuvent s'émousser et perdre leur sensibilité s'ils sont soumis à l'action de substances trop fortes : les aliments trop épicés, les liqueurs fortes affaiblissent le goût ; de même les parfums trop violents, les odeurs trop fortes ont une action semblable sur l'odorat.

La peau, qui est le siège du toucher, est d'autant plus sensible qu'elle reste propre et à l'abri des corps durs.

RÉSUMÉ

160. Les os sont *mous* pendant le jeune âge et se *déforment* facilement. Il faut veiller à ne pas laisser prendre de mauvaises attitudes aux enfants.

161. *L'exercice* développe les *muscles*.

162. Le *cerveau* et les *nerfs* sont surtout atteints par l'*alcoolisme*.

163. L'*œil* est un organe délicat, on peut devenir *myope* en s'habituant à regarder de trop près.

L'*ouïe*, le *goût* et l'*odorat* s'émoussent sous l'action d'impressions trop fortes, il faut les ménager.

La *propreté* est le meilleur moyen de conserver à la peau sa *sensibilité*.

DEVOIR. — *Quelles précautions doit-on prendre pour conserver en bon état les organes des sens?*

❋ ❋ ❋

34ᵉ LEÇON

CLASSIFICATION DES ANIMAUX

164. Groupes naturels. — Malgré leur nombre et leur variété, les animaux présentent des caractères communs qui leur donnent un certain air de ressemblance, et permettent de les grouper, de les *classer*.

Ainsi nous reconnaissons au premier examen, par la forme de leur corps et la disposition de leurs membres, par leur genre de vie, que le *chat*, le *chien*, le *cheval* appartiennent à un même groupe d'animaux, différents des *viseaux*; nous distinguons également ces derniers d'une *couleurre*, d'une *vipère*, et celles-ci d'un *poisson*.

165. Vertébrés et invertébrés. — De plus, tous ces animaux présentent une différence, moins apparente peut-être, mais non moins réelle avec un second groupe d'animaux, comme le ver de terre, le hanneton, la limace ou l'écrevisse.

Les premiers sont pourvus d'os, d'un squelette intérieur, d'une colonne vertébrale : de là le nom de **vertébrés** qu'on leur donne ; les autres, qui n'en sont pas pourvus, s'appellent des **invertébrés**.

Fig. 127. — Chien (*mammifère*).

166. Division des vertébrés. —Lesanimaux vertébrés se divisent eux-mêmes en plusieurs groupes : le chien, le chat, le cheval et tous les animaux qui, comme eux, ont le corps couvert de *poils*, des membres disposés pour la marche, qui allaitent leurs petits au moyen de *ma-*

melles portent le nom de **mammifères**. Les **oiseaux** comprennent des animaux comme le coq, la poule, l'hirondelle, qui ont le corps couvert de *plumes*, un bec, les membres supérieurs transformés en *ailes*, ce qui leur permet de voler. Ils pondent des œufs et n'allaitent pas leurs petits.

Les mammifères et les oiseaux sont des animaux à *sang chaud*, la température de leur corps est constante. La vipère, la couleuvre, le lézard sont au contraire des animaux à *température variable*, suivant le milieu où ils vivent; on les nomme animaux à *sang froid*.

La plupart sont dépourvus de membres; ils se déplacent en rampant sur le sol, de là le nom de **reptiles**.

Fig. 128. — Coq (*oiseau*).

Fig. 129. — Lézard (*reptile*).

Les **poissons**, comme la carpe, le brochet, l'anguille se

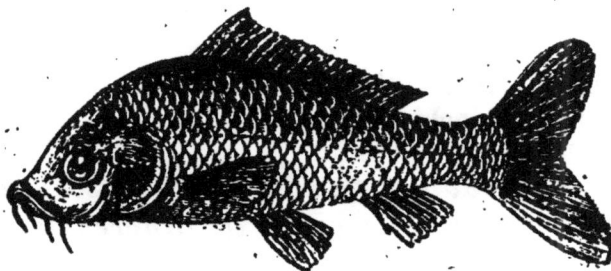

Fig. 130. — Carpe (*poisson*).

distinguent des animaux précédents qui vivent dans l'air,

en ce qu'ils vivent dans l'eau et sont conformés pour ce milieu ; leurs membres sont transformés en *nageoires*, ils respirent l'air dissous dans l'eau au moyen d'organes appelés *branchies* qui remplacent les poumons des animaux aériens.

Enfin, il existe un groupe d'animaux, comme la grenouille, qui pondent et dont les œufs éclosent dans l'eau, qui y vivent pendant leur jeune âge au moyen de branchies et qui se transforment pour vivre à l'état adulte dans l'air au moyen de poumons, ce sont les **batraciens**.

Fig. 131. — Grenouille (*batracien*).

Mammifères, Oiseaux, Reptiles, Batraciens, Poissons, telles sont les 5 grandes divisions des animaux vertébrés.

Tableau résumant la classification des vertébrés.

I. Vertébrés terrestres vivant dans l'air au moyen de poumons.	A sang chaud.	Marchent, vivipares.	**Mammifères** (chien)
		Volent, ovipares. . .	**Oiseaux** (poule)
	A sang froid.	Rampent.	**Reptiles** (lézard)

II. Vertébrés vivant dans l'eau à leur naissance et dans l'air à l'âge adulte. . . . . **Batraciens** (grenouille)

III. Vertébrés vivant entièrement dans l'eau, respirent au moyen de branchies et nagent. . . . . **Poissons** (carpe)

DEVOIR. — *Citez un mammifère, un oiseau, un reptile et un poisson, et indiquez ce qui les différencie.*

✳ ✳ ✳

35e LEÇON

LES MAMMIFÈRES

167. Mammifères. — Le groupe des mammifères renferme les animaux qui rendent le plus de services à l'homme; il comprend presque tous les animaux domestiques : le chien, le chat, le cheval, le bœuf, etc.

Ils ont tous le corps couvert de *poils,* les mâchoires garnies de *dents;* ils allaitent leurs petits au moyen de mamelles.

Malgré ces caractères communs, il y a cependant entre eux des différences provenant surtout de leur genre de nourriture. Les uns se nourrissent de chair, les autres de végétaux, et cette différence entraîne des modifications importantes principalement dans les organes de la nutrition.

168. Division des mammifères. — Si nous mettons à part les *singes* qui, de tous les animaux, sont ceux qui se rapprochent le plus de l'homme, nous diviserons les autres mammifères en **carnivores** et en **herbivores.**

169. Carnivores. — Prenons comme exemple le

Fig. 132. — Mâchoire du chat.
a, canines très développées.

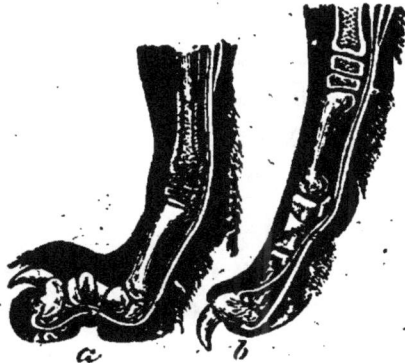

Fig. 133. — Griffes du chat.
a, griffe rentrée ; b, griffe sortie.

chat qui est le type des carnivores. Nous voyons qu'il a

les dents conformées pour déchirer et broyer la chair. Les *canines* sont très développées et pointues, les *molaires* sont coupantes. La mâchoire est forte et puissante. Les pieds sont terminés par des *doigts* armés de *griffes* qui sont rétractiles, c'est-à-dire qui peuvent rentrer sous la peau. Chez le chien, les griffes ne sont pas rétractiles.

A la famille du *chat* appartiennent les grands carnassiers : le lion, le tigre, la panthère, le jaguar, le léopard, tous animaux féroces et dangereux.

A la famille du *chien* appartiennent le loup, le chacal,

Fig. 134. — Tête et dents du chien.
a, incisives; *b*, canines; *d, e*, molaires.

Fig. 135. — Patte de chien
(griffes non rétractiles).

le renard. Le putois, le blaireau, la fouine, la martre sont aussi de petits carnassiers, nuisibles à l'homme.

L'ours est également un carnivore ; mais il se distingue des précédents par sa démarche lourde due à ce qu'il pose par terre toute la plante du pied, tandis que les chiens, les chats ne posent que l'extrémité des doigts.

170. Insectivores. — La taupe, le hérisson, la musaraigne sont des mammifères qui se nourrissent d'insectes ; ils se rapprochent par là des carnivores. Les dents sont conformées pour broyer leur proie ; les molaires sont hérissées de petites pointes coniques qui s'emboîtent les unes dans les autres. *Tous sont des animaux utiles.*

La *chauve-souris*, qu'on serait tenté de prendre pour un oiseau, est cependant un mammifère et un insectivore.

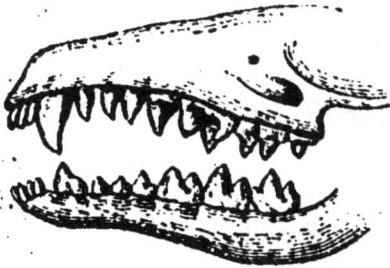

Fig. 136. — Dents de la taupe (*insectivore*).
a, molaires pointues.

Fig. 137. — Hérisson (*insectivore*).

Elle vole au moyen d'une membrane qui existe entre les doigts très développés des membres antérieurs et les

Fig. 138. — La chauve-souris est un mammifère insectivore.

membres postérieurs. Mais son corps est couvert de poils et elle allaite ses petits. C'est un animal utile qui détruit un grand nombre d'insectes.

171. Carnivores aquatiques. — Quelques carnivores vivent dans l'eau et leur corps est adapté au milieu dans lequel ils vivent : les membres sont transformés en nageoires et ils viennent respirer à l'air : ce sont les *phoques* et les *morses* qui se nourrissent de poissons.

RÉSUMÉ

167. Les mammifères se distinguent par leur genre de nourriture. En dehors des singes, nous pouvons les diviser en *carnivores* et en *herbivores*.

168. Les carnivores, ou mangeurs de chair, ont les *canines* très développées, la mâchoire courte. Les pieds terminés par des doigts armés de *griffes*.

169. Les principaux sont : le chat, le lion, le tigre, le chien, le loup, le renard, le blaireau, l'ours.

170. Les insectivores se nourrissent d'*insectes* et ont les molaires hérissées de pointes : la taupe, la musaraigne, le hérisson.
La chauve-souris est aussi un insectivore.

171. Il y a des carnivores *aquatiques :* les phoques et les morses.

DEVOIR. — *Quels sont les caractères généraux des mammifères? Quels sont les carnivores que vous connaissez? Décrivez-les.*

✳ ✳ ✳

36ᵉ LEÇON

LES MAMMIFÈRES (suite).

172. Herbivores. — Les mammifères qui se nourrissent de substances végétales ont les dents plates ou garnies de rainures propres à moudre ou broyer les aliments et non à les déchirer. Ils n'ont pas de canines, les incisives manquent même quelquefois à la mâchoire supérieure. Le mouvement de la mâchoire inférieure est latéral au lieu d'être vertical, comme chez les carnassiers. Enfin, leurs membres sont

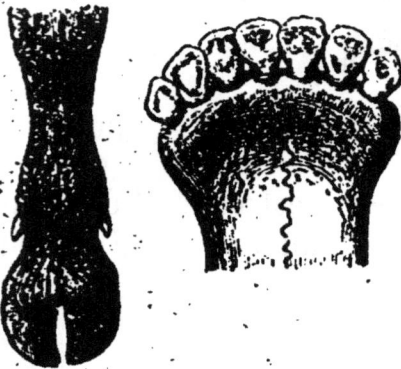

Fig. 139. — Pied et dents d'un herbivore (*bœuf*).

disposés pour la marche ; ils sont terminés par un ou deux *sabots*. Ils ont besoin d'une bien plus grande quantité de nourriture ; le tube digestif est très long.

173. Ruminants. — Quelques-uns même présentent un *estomac multiple* et formé de quatre poches : la panse, le bonnet, le feuillet et la caillette. La nourriture avalée passe d'abord dans la panse et dans le bonnet et, quand l'animal est au repos, il la fait revenir dans la bouche pour la broyer de nouveau et la réduire en une bouillie qui passe ensuite dans le feuillet et dans la caillette, puis dans l'intestin.

Ces animaux sont appelés des **ruminants**.

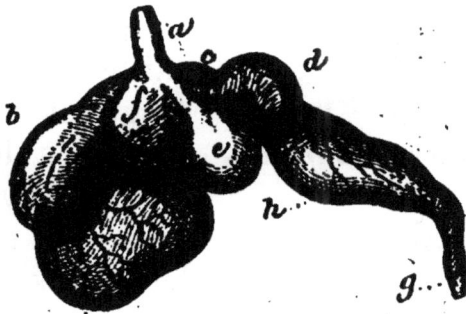

Fig. 140. — Estomac de ruminant.

a, œsophage ; *b*, *f*, panse ; *c*, *e*, bonnet ; *d*, feuillet ; *h*, caillette ; *g*, intestin.

Le bœuf, la vache, la chèvre, le mouton sont des animaux ruminants ; le chevreuil, le cerf de nos forêts, le chamois, le chameau et le dromadaire utilisés en Afrique pour la marche dans le désert, les antilopes sont aussi des ruminants.

174. Pachydermes. — Parmi les non ruminants, le cheval, l'âne, le mulet, le zèbre forment

Fig. 141. — Tête et dents du cheval.
a, incisives ; *b*, canine peu développée ; *c*, molaires ; *d*, barre.

un premier groupe appelé quelquefois *solipèdes*, parce qu'ils n'ont qu'un sabot à chaque pied.

Les éléphants, le rhinocéros, l'hippopotame sont des animaux à peau épaisse et forment le groupe des **pachydermes**.

Enfin, le porc, le sanglier forment un troisième groupe qui se distingue des précédents par une dentition plus complète.

175. Les rongeurs. — Les rongeurs, dont le type est le lapin, prennent une nourriture végétale. Ce sont de petits animaux ressemblant par la taille aux insectivores, mais s'en distinguant complètement par la *dentition* : les dents sont conformées pour *ronger*. Il y a à chaque mâchoire deux grandes *incisives*, taillées en biseau et qui repoussent au fur et à mesure qu'elles s'usent. Les molaires sont semblables à celles des *herbivores*.

Outre le lapin et le lièvre, qui sont des animaux utiles,

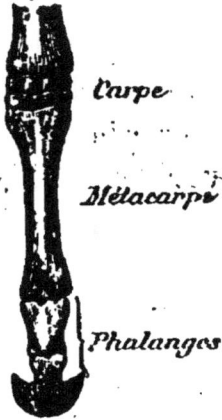

Fig. 142. — Pied de cheval (*solipède*).

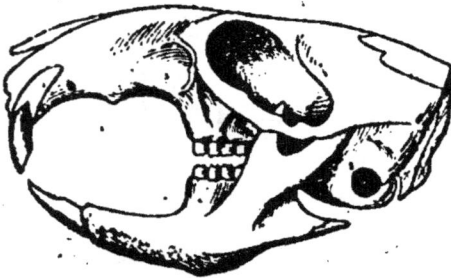

Fig. 143. — Tête du lapin (*rongeur*).

Fig. 144. — Mâchoire inférieure d'écureuil.

ce groupe comprend le rat, la souris, le mulot qui sont nuisibles, le cochon d'Inde, l'écureuil, le loir, le castor, la marmotte.

176. La baleine. — La baleine qui, au premier abord, paraît être un poisson, allaite ses petits et vient respirer à l'air. C'est un mammifère dont le corps est adapté à la vie dans l'eau : ses membres sont transformés en *na-geoires*. Les dents sont remplacées par de grandes lames cornées, appelées *fanons*, qui servent à de nombreux usages. Elle nous fournit une huile utiliséedans l'industrie.

Fig. 145. — Baleine (*cétacé*).

Les dauphins et les marsouins, qui vivent sur nos côtes, appartiennent au même groupe que l'on nomme les **cétacés**.

RÉSUMÉ

172. Les animaux herbivores n'ont pas de canines, les molaires sont plates. Les membres sont disposés pour la marche, le pied est terminé par un ou deux sabots.

173. Les *ruminants* ont un estomac multiple ; ils ruminent leurs aliments : le bœuf, la vache, le mouton et la chèvre sont les principaux ruminants domestiques.

Le cheval, l'âne et le zèbre forment des *solipèdes*.

174. L'éléphant, le rhinocéros, l'hippopotame, le porc sont des *pachydermes* (animaux à peau épaisse).

175. Les *rongeurs* ont les incisives très développées ; la souris, le lapin.

176. La *baleine* est un mammifère adapté à la vie aquatique.

DEVOIR. — *Comment est disposé l'estomac d'un ruminant ? Quels sont les principaux ruminants ?*

※ ※ ※

37ᵉ LEÇON

LES OISEAUX

177. Caractères. — Les oiseaux forment une classe bien distincte du reste des vertébrés : leur corps est couvert de *plumes*, leur *bec corné* remplace les mâchoires et les dents des mammifères, ils marchent sur deux pieds et les membres

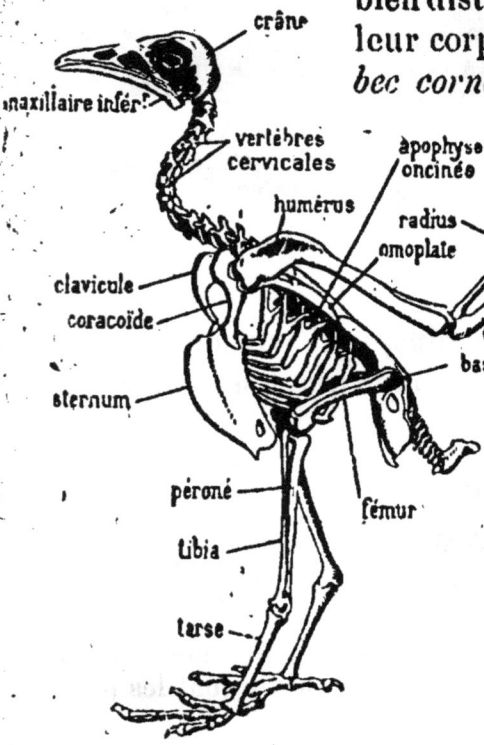

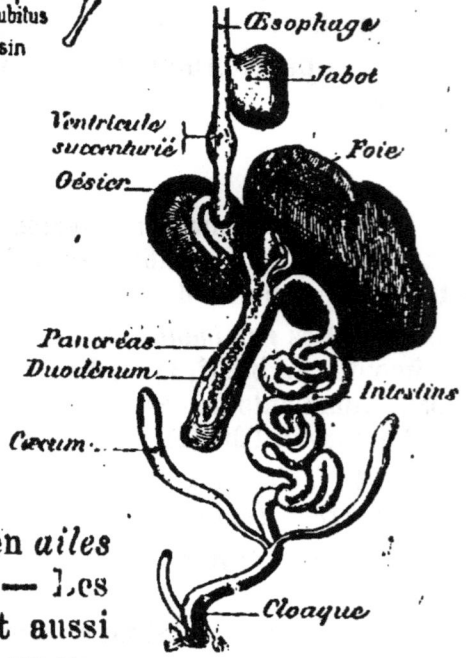

crâne

maxillaire infér.

vertèbres cervicales

apophyse oncinée

1ᵉʳ doigt

métacarpe

humérus

radius

omoplate

3ᵉ doigt

2ᵉ doigt

clavicule

coracoïde

cubitus

bassin

sternum

péroné

fémur

tibia

tarse

Fig. 146. — Squelette d'oiseau.

Œsophage

Jabot

Ventricule succenturié

Foie

Oésier

Pancréas

Duodénum

Intestins

Cœcum

Cloaque

Fig. 147. — Appareil digestif d'un oiseau.

antérieurs sont transformés en *ailes* qui leur servent pour le vol. — Les organes intérieurs présentent aussi quelques particularités remarquables : le tube digestif a deux renflements, le *jabot* et le *gésier*. Les aliments s'accumulent dans le premier et passent dans le

second où ils subissent une trituration, au moyen des parois
épaisses du gésier et de petits
cailloux avalés avec la nourriture. Cette trituration remplace
en partie la mastication chez les
mammifères.

Enfin, les oiseaux pondent des
œufs qu'ils déposent dans des
nids construits avec un art admi-
rable. Ils les couvent, et les œufs
donnent naissance aux petits,
que la mère n'allaite pas
comme chez les mammifères.

Fig. 148. — Tête et bec
d'oiseau (*coq*).

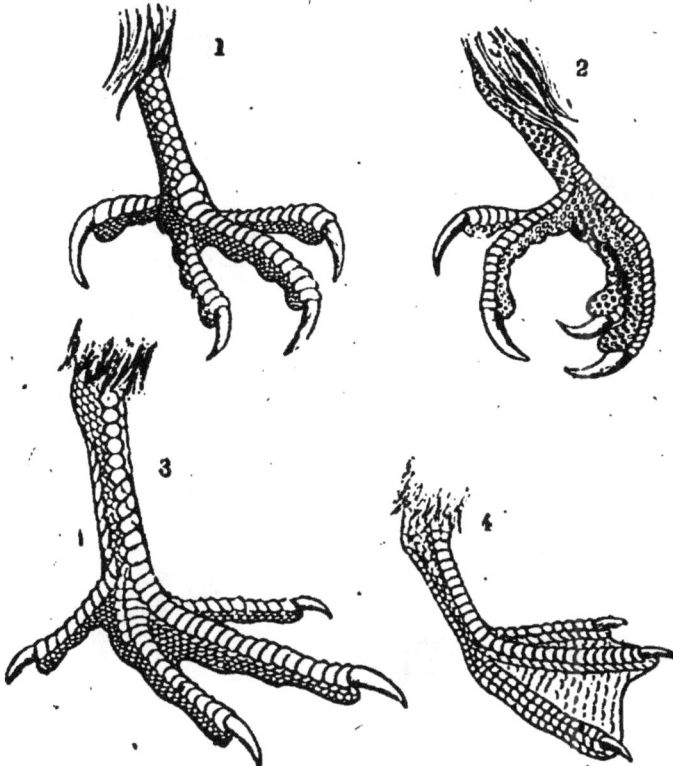

Fig. 149. — Pieds d'oiseaux.
1, rapace (pied armé de griffes ou serres); 2, grimpeur; 3, gallinacé;
4, palmipèdes (pieds palmés).

178. Divisions des Oiseaux. — Les oiseaux se di-

Fig. 150. — Perdrix (*gallinacé*).   Fig. 151. — Canard (*palmipède*).

visent en un certain nombre de groupes dont nous citerons les principaux représentants :.

1° Les *oiseaux de basse-*

Fig. 152. — Aigle (*rapace diurne*).   Fig. 153. — Hibou (*rapace nocturne*) utile.

cour ou *gallinacés* que nous élevons pour leur chair et

leurs œufs : ce sont la poule, le coq, le dindon, la pintade, le pigeon, la perdrix, le faisan, etc.

2° Le *canard* et l'*oie* sont aussi des oiseaux domestiques qui ont les pieds palmés, de là, le nom de *palmipèdes* qu'on leur donne.

Ils nagent avec une grande facilité et vivent sur l'eau. Un grand nombre d'oiseaux de mer, la mouette, l'albatros, la frégate, le cormoran, le pingouin et le manchot sont des palmipèdes sauvages.

Fig. 154. — Moineau (*passereau*) utile.

3° Les *oiseaux carnassiers*, ou *rapaces*, correspondan taux

Fig. 155. — Mésange (*passereau*) utile.

Fig. 156. — Chardonneret (*passereau*) utile.

mammifères carnivores, se nourrissent de chair : leur bec est crochu et leurs pieds sont armés de griffes ou *serres* puissantes. Ce sont : l'aigle, le vautour, le milan, la buse, l'épervier, le faucon, qui sont nuisibles; le hibou, la chouette qui chassent pendant la nuit les petits rongeurs et sont utiles à l'homme.

4° Les *passereaux* sont de petits oiseaux qui émigrent généralement pendant l'hiver, et reviennent au printemps. *Ils se nourrissent d'insectes* et de *larves*. Ils sont presque

Fig. 157. — Héron (*échassier*).   Fig. 158. — Perroquet (*grimpeur*).

tous chanteurs. Ce sont les petits oiseaux des champs : le moineau, l'hirondelle, le chardonneret, le pinson, l'alouette, le bouvreuil, le linot, le merle, la mésange, la fauvette, le rossignol, etc., et aussi le corbeau et la pie.

5° Les *échassiers* qui se distinguent par la longueur de leurs pattes et de leur cou, sont conformés pour vivre au bord de l'eau et chercher leur nourriture dans la vase; ce sont des oiseaux de marais : la bécasse, la bécassine, le râle, la cigogne, la grue, le héron, le vanneau.

6° Les *grimpeurs*, comme le pic, le perroquet, le coucou,

ont deux doigts en avant et deux doigts en arrière : ils grimpent facilement aux arbres. Le pic se nourrit de vers qu'il va chercher sous l'écorce des arbres.

179. Utilité des oiseaux. — Outre les oiseaux de basse-cour que nous élevons pour la chair et les œufs, un grand nombre d'oiseaux nous sont encore utiles parce qu'ils détruisent des quantités considérables d'insectes : l'hirondelle, la mésange, le moineau et, en général, les passereaux sont les meilleurs *auxiliaires* du cultivateur. Nous devons les protéger ; la loi punit les destructeurs de nids.

Enfin, un certain nombre nous donnent leurs plumes qui sont employées à différents usages.

RÉSUMÉ

177. Les oiseaux ont le corps couvert de *plumes;* ils ont un *bec* et des *ailes.*

Ils pondent des *œufs* et n'allaitent pas leurs petits.

178. Les principaux groupes sont :

Les *gallinacés* ou oiseaux de basse-cour, les *palmipèdes*, oiseaux nageurs, les *rapaces* ou carnassiers, les *passereaux*, oiseaux des champs, les *échassiers*, oiseaux des marais, et les *grimpeurs*.

179. Presque tous les oiseaux sont *utiles ;* ils nous donnent leur chair, leurs œufs et leurs plumes. Ils détruisent un grand nombre d'insectes. *Nous devons les protéger.*

DEVOIR. — *Citez un oiseau de basse-cour, un passereau et un palmipède; faites-en la description.*

✳ ✳ ✳

38e LEÇON

REPTILES, BATRACIENS ET POISSONS

180. Caractères des reptiles. — Les reptiles *rampent;* ils sont dépourvus de membres, comme les serpents, ou ils n'ont que des membres très courts qui les obligent à se traîner sur le sol, comme le lézard. Quand nous les touchons, nous trouvons qu'ils sont *froids,* la respiration et la circulation sont peu actives.

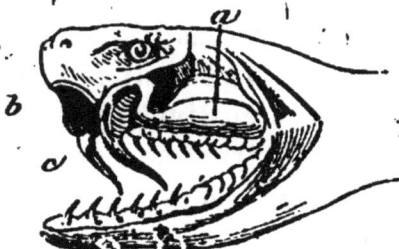

Fig. 159. — Tête de serpent venimeux.

a, glande contenant le venin; *b*, canal; *c*, crochets.

181. Division des reptiles. — Les serpents, dépourvus de membres et qui ont le corps couvert d'écailles,

Fig. 160. — Crocodile (*lézard*).

forment un premier groupe. Les uns ont dans la bouche une glande qui sécrète un venin dangereux; ce venin s'écoule dans la blessure qu'ils font en mordant. *L'aspic* et la *vipère* sont des serpents venimeux de nos pays. Le *serpent à sonnettes* vit dans les pays chauds. La *couleuvre* et le *boa* sont des serpents non venimeux.

Les lézards sont pourvus de membres ; les lézards de

Fig. 161. — Vipère (*serpent*).

nos pays sont des animaux inoffensifs ; le *crocodile* et le *caïman* qui sont de grands lézards des fleuves de l'Afrique et de l'Amérique sont des animaux dangereux par leur force.

Les tortues qui ont le corps recouvert d'une ca-

Fig. 162. — Tortue.

rapace forment enfin un troisième groupe ; ce sont des animaux utiles qui détruisent les limaces de nos jardins.

182. Batraciens. — La grenouille pond des œufs qui se développent et éclosent dans l'eau à l'état de *têtards;* ils sont dépourvus de membres et respirent avec des *branchies;* puis des membres poussent, les poumons se développent, les branchies tombent et l'animal peut vivre dans l'air.

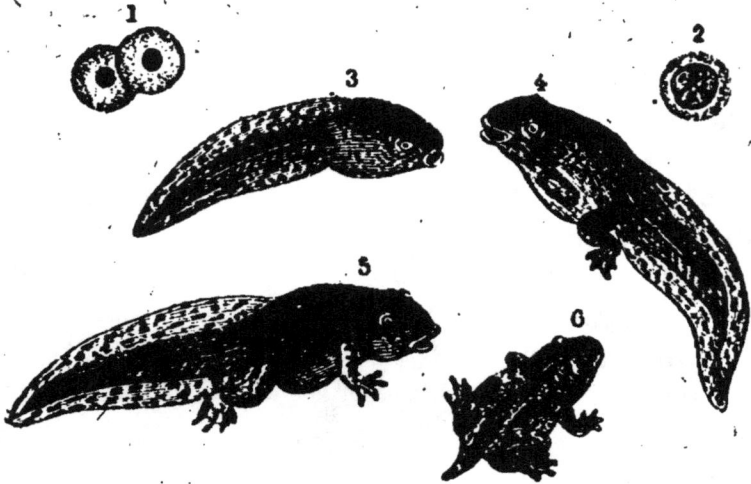

Fig. 163. — Métamorphoses de la grenouille.

1, 2, œufs un peu grossis ; 3, 4, 5, têtards à différents états ; 6, grenouille.

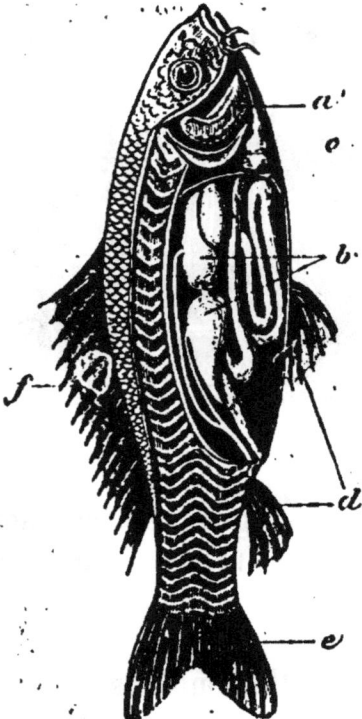

Fig. 164. — Corps et organes
d'un poisson.

a, branchies ; b, vessie natatoire ; c, cœur ; d, nageoires ab-
dominales ; e, nageoire cauda-
le ; f, nageoire dorsale.

Ces animaux mi-aquati-
ques, mi-aériens s'appellent
des **batraciens**. Le *crapaud*,
la *salamandre*, le *triton* sont
des batraciens.

Ils sont utiles à l'agriculture parce qu'ils mangent des
vers, des insectes, des limaces.

183. Poissons. — Les
poissons vivent dans l'eau :
tout leur corps est disposé
pour cette vie aquatique ; les
membres sont remplacés par
des *nageoires*, les poumons
par des *branchies*, le corps
allongé est recouvert d'é-
cailles.

Ils ont à l'intérieur du corps
une *vessie natatoire* qu'ils peu-

vent à volonté augmenter ou diminuer de volume et qui leur permet de descendre ou de s'élever dans l'eau.

Ce sont des animaux à sang froid ; ils pondent des *œufs* qui éclosent dans l'eau et donnent naissance à des petits.

Nous distinguons les *poissons d'eau douce* et les *poissons de mer*.

Parmi les premiers qui peuplent nos rivières, nos étangs,

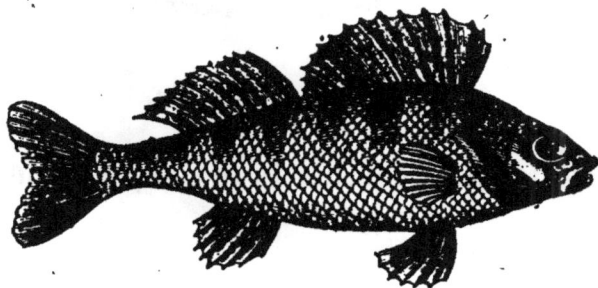

Fig. 165. — Perche (*poisson d'eau douce*).

les principaux sont : la carpe, la tanche, la perche, le goujon, l'ablette, le brochet, le saumon, la truite, l'anguille.

Fig. 166. — Morue (*poisson de mer*).

Presque tous sont comestibles et nous fournissent des aliments sains et recherchés.

Parmi les poissons de mer, nous citerons la sardine, le hareng, la morue, qui vivent par bancs et se déplacent rapidement, ils vivent près des côtes ; le maquereau, le merlan, le thon recherchés par nos pêcheurs ; la sole, le turbot, la limande, ou poissons plats, appréciés pour leur

Fig. 167. — Requin.

chair. Quelques-uns, comme le requin, sont dangereux et nuisibles.

RÉSUMÉ

181. Les reptiles *rampent* ; ce sont des animaux à *sang froid* ; ils se reproduisent au moyen d'œufs.

Les *serpents*, les *lézards* et les *tortues* forment les trois groupes de reptiles.

182. Les *batraciens* vivent dans l'eau pendant leur jeune âge, dans l'air à l'âge adulte. La *grenouille* et le *crapaud* sont des batraciens.

183. Les poissons vivent dans l'eau ; ils ont des *nageoires* au lieu de membres ; ils respirent au moyen de *branchies* ; leur corps est recouvert d'écailles.

Les poissons d'eau douce et les poissons de mer sont recherchés pour leur chair.

DEVOIR. — *Quels sont les caractères distinctifs des poissons ? Citez ceux que vous connaissez.*

❅ ❅ ❅

39e LEÇON

LES INSECTES

184. Caractère des insectes. — Parmi les invertébrés, la classe des **insectes** est la plus nombreuse et la
plus importante à connaître pour l'homme, moins pour les
services qu'ils nous rendent que pour les dégâts qu'ils
commettent en attaquant nos récoltes. Il y a cependant
quelques insectes utiles.

Le corps des insectes. — Si nous examinons le
corps d'une libellule ou d'un hanneton, il nous paraît
formé d'anneaux, d'où
le nom d'**annelés**; de
plus ces animaux sont
pourvus de pattes, ce
qui les distingue des
vers, qui sont aussi des
annelés. On distingue
trois parties : la *tête*, le
thorax et *l'abdomen*.
La tête porte les an-
tennes qui sont les
organes du toucher
chez les insectes, les
yeux, les mâchoires ou
mandibules et quel-
ques autres organes

Fig. 168. — Division du corps
d'un insecte.

a, tête; *b*, thorax; *c*, abdomen.

servant à la nutrition. Le thorax porte trois paires de
pattes, et, chez la plupart, des ailes au nombre de deux
(*mouche*) ou de quatre (*papillon, hanneton*).

Les insectes respirent au moyen de petits tubes qui s'ouvrent à l'extérieur par des ouvertures appelées *stigmates*.

Ces tubes, appelés *trachées*, se ramifient et portent l'air dans tout le corps.

185. Métamorphoses des insectes. — Les insectes pondent des œufs, mais ces œufs, au lieu de donner naissance à un insecte parfait, laissent éclore une *larve* ou une *chenille* qui, au bout de quelque temps, file un cocon, s'y renferme et se transforme en *nymphe* ou *chrysalide*. Puis la *métamorphose* s'achève, et après un temps plus ou moins long, l'insecte sort à l'état d'insecte parfait.

186. Insectes nuisibles. — Un grand nombre d'insectes sont nuisibles. Nous placerons au premier rang

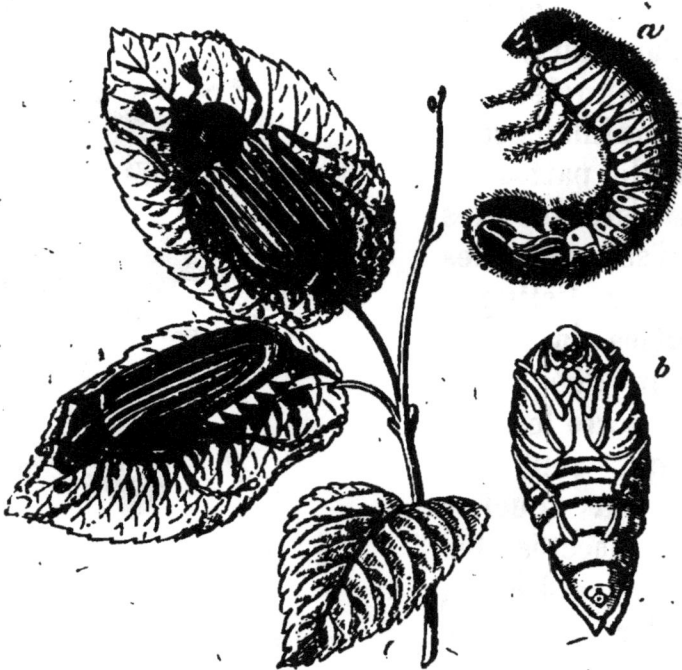

Fig. 169. — Métamorphoses d'un insecte.

(*Hanneton*) a, larve ; b, chrysalide.

le **hanneton** qui cause de si grands dégâts dans nos champs à l'état de larve plutôt qu'à l'état d'insecte parfait. A l'éclosion de l'œuf, c'est un petit ver qui grossit peu à peu et que l'on connaît sous le nom de *ver blanc* ou *turc*. Il reste trois ans sous cette forme, vivant, sous la terre, des racines des plantes qu'il fait périr. — A la fin de la troisième année, il se change en chrysalide ; il sort de sa coque à l'état d'insecte parfait au bout de cinq ou six semaines. A l'état de hanneton, il cause quelques dégâts aux feuilles des arbres ; mais il ne vit que peu de temps, il dépose ses œufs dans la terre et meurt.

Les **sauterelles** sont des insectes qui causent également de grands ravages : elles volent par bandes nombreuses et s'abattent sur un pays qu'elles dépouillent rapidement de toute sa verdure ; c'est surtout en Afrique que ce fléau sévit. Les Arabes emploient tous les moyens pour les détruire, sans toujours y réussir.

Le **phylloxera** est encore un des insectes qui causent le plus de ravages. Il a détruit une grande partie des vignobles de France, en s'attaquant aux racines de la vigne. Presque tous les moyens employés pour le détruire ont échoué. On est obligé de remplacer les plants français par des plants américains qui résistent à l'insecte et sur lesquels on greffe les cépages français.

Presque chaque espèce de plante a son ennemi particulier parmi les insectes : les céréales sont

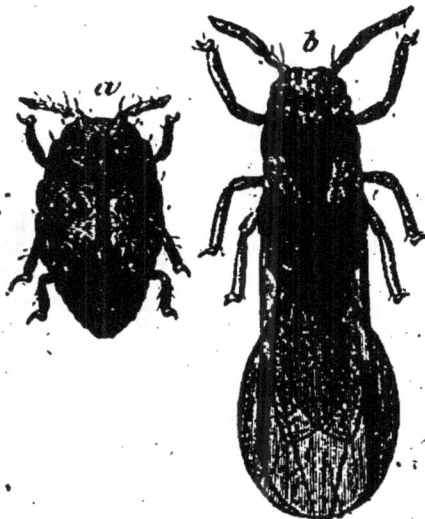

Fig. 170. — Le phylloxera (très grossi).

a, l'insecte sans aile ; *b*, l'insecte ailé.

attaquées par les *charançons*, les plantes potagères par les *chenilles* ou *piérides* du chou, la *courtilière* ; la vigne

encore par la *pyrale*, l'*altise*; les arbres par le *cerf-volant*
ou *lucarne*, les *chenilles* du *bombyx*, etc.

Les animaux aussi subissent les attaques des insectes :

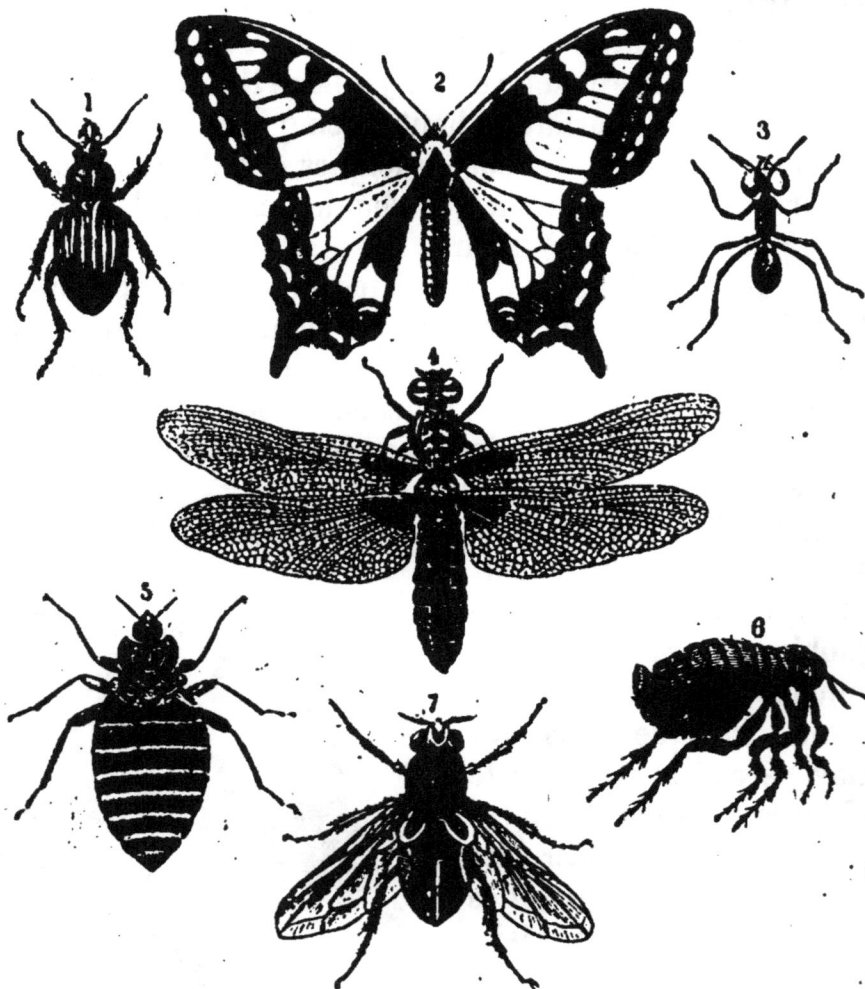

Fig. 171. — Différents types d'insectes.
1, carabe doré; 2, papillon (machaon); 3, fourmi; 4, libellule;
5, 6, parasites de l'homme (punaise et puce); 7, mouche.

il y a des insectes *parasites* de l'homme et des animaux.

L'homme serait incapable de les détruire s'il n'avait des
auxiliaires parmi lesquels se placent au premier rang les
oiseaux.

187. Insectes utiles. — Les abeilles. — Les abeilles nous fournissent le miel et la cire qu'elles vont récolter sur les fleurs, et qui garnissent les *ruches* qu'elles habitent.

Elles nous donnent un exemple curieux des mœurs d'insectes vivant en société.

Chaque ruche comprend trois sortes d'abeilles : une *seule reine* ou femelle chargée de la ponte des œufs, deux ou trois cents *mâles* ou faux bourdons et plusieurs milliers d'*ouvrières*.

Fig. 172. — Abeilles.
a, reine; *b*, ouvrière; *c*, bourdon (mâle).

Les ouvrières confectionnent avec la cire qu'elles produisent des gâteaux ou rayons qui garnissent la ruche.

Ces rayons présentent de chaque côté des cellules hexagonales juxtaposées avec la plus grande régularité. C'est dans ces cellules que la reine dépose, au printemps, ses œufs, un par cellule. Les œufs éclosent et donnent naissance à une larve qui se nourrit du miel que les ouvrières

Fig. 173. — Différentes espèces de ruches. Ruches à cadres. — Ruches fixes.

vont butiner sur les fleurs; puis la larve se transforme en insecte parfait.

Après la ponte, les mâles ou faux bourdons devenus

inutiles sont massacrés par les ouvrières. De même, si parmi les nouvelles abeilles il y a de nouvelles reines, l'ancienne leur livre un combat acharné, les tue ou s'échappe, emmenant avec elle une partie de la colonie pour aller former une autre ruche ou *essaim*.

Récolte du miel et de la cire. — Les abeilles ouvrières sont pourvues d'une trompe avec laquelle elles puisent la matière sucrée, contenue au fond des fleurs ; le liquide sucré est avalé, modifié et dégorgé sous forme de miel qu'elles déposent dans les cellules des gâteaux de cire pour la nourriture des jeunes larves.

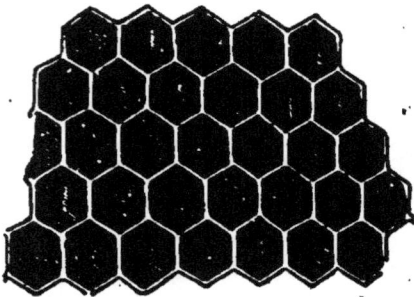

Fig. 174. — Gâteau de cire montrant les cellules dans lesquelles les abeilles déposent le miel.

La cire est formée par une matière grasse qui suinte entre les anneaux de l'abdomen de l'abeille.

A la fin du mois d'août, on enlève les gâteaux de cire pour en retirer le miel qu'ils contiennent, en ayant soin d'en laisser une petite quantité pour la nourriture des abeilles pendant l'hiver.

La *culture des abeilles* exige peu de soins et donne des profits appréciables. Les ruches sont de plusieurs sortes ; les ruches à cadres mobiles, qui servent de supports aux rayons, sont préférables parce qu'on peut les enlever pour opérer la récolte du miel ou de la cire.

Ver à soie. — Cet insecte est remarquable par ses métamorphoses.

L'insecte parfait est un papillon appelé le *bombyx du mûrier ;* c'est la larve ou chenille qui produit la soie avec laquelle est formé le cocon qu'elle file au moment de sa transformation en chrysalide.

L'œuf ou *graine* du ver à soie donne un petit ver de deux à trois millimètres, appelé *magnan*. Ce ver se nourrit de feuilles de *mûrier* que l'on dispose sur des rayons qui garnissent les chambres ou magnaneries où se fait l'élevage. Il se développe rapidement en absorbant une quantité considérable de nourriture. Pendant le premier mois, il subit quatre changements ou *mues*; il acquiert tout son développement, cesse de manger et se présente alors sous la forme d'un ver de huit centimètres de long. Il se met à filer son cocon formé d'un fil très fin que produit, en se solidifiant à l'air, une matière visqueuse qui sort de sa bouché.

Fig. 175. — Le ver à soie et ses métamorphoses.

a, chrysalide; *b*, papillon (bombyx); *c*, ver à soie; *d*, cocon.

Il reste à l'état de chrysalide pendant trois semaines environ et se transforme en papillon.

Lorsqu'on veut récolter la soie, on étouffe la chrysalide dans l'eau chaude pour l'empêcher de briser le fil du coton en sortant à l'état d'insecte parfait.

L'élevage du ver à soie se fait dans la vallée du Rhône où croît le mûrier.

RÉSUMÉ

184. Les insectes ont le corps formé *d'anneaux* et divisé en trois parties, la tête, le thorax, l'abdomen. — Ils ont des pattes et presque toujours des ailes.

185. Ils subissent des *métamorphoses* et passent successivement par les trois états : larve ou chenille, chrysalide, insecte parfait.

186. Les insectes sont presque tous *nuisibles*.

Le *hanneton* cause de grands dégâts à l'état de ver blanc.

Les *sauterelles* dévorent l'herbe des prairies et les feuilles des arbres.

Le *phylloxera* détruit la vigne.

Les meilleurs auxiliaires de l'homme pour détruire les insectes sont les oiseaux.

187. Parmi les insectes *utiles* nous citerons les *abeilles* et le *ver à soie*.

Les abeilles produisent le *miel* et la *cire*. Elles vivent en société dans des ruches.

Chaque ruche comprend une *reine*, des *mâles* ou faux bourdons et des *ouvrières* chargées du travail et les plus nombreuses.

Les ouvrières construisent des rayons de cire dans lesquels sont disposées des cellules où la reine dépose ses œufs.

Elles récoltent sur les fleurs le miel destiné à la nourriture des jeunes abeilles.

L'*apiculture* ou culture des abeilles est une source de profits appréciables.

Le ver à soie est la chenille d'un papillon appelé *bombyx du mûrier*.

Le cocon qu'il file pour se transformer en chrysalide est formé d'un fil de soie très fin que l'on utilise dans l'industrie.

DEVOIRS. I. — *Dites ce que vous savez du hanneton : ses métamorphoses, les dégâts qu'il nous cause.*

II. — *Dites ce que vous savez des mœurs des abeilles.*

✳ ✳ ✳

40ᵉ LEÇON

LES INVERTÉBRÉS (*suite*).

188. Les araignées. — Les araignées ressemblent aux insectes par quelques côtés. Elles ont le corps divisé en deux parties, la tête et le thorax réunis sous le nom de *céphalo-thorax*, et l'*abdomen*.

Elles ont quatre paires de pattes.

Ce sont aussi des articulés.

L'araignée commune sécrète un liquide au moyen duquel elle tisse la toile qui lui sert à prendre les insectes dont elle se nourrit.

Certaines araignées sont munies de crochets venimeux; le scorpion dont la piqûre est dangereuse, l'insecte ou sarcopte de la gale appartiennent à la même classe.

Fig. 176. — Araignée.

189. Les crustacés. — Dans l'écrevisse les articles du corps sont très apparents. Le corps est recouvert d'une croûte calcaire qui a fait donner à ces animaux le nom de *crustacés*. Ils ont cinq paires de pattes dont les deux premières sont transformées en pinces. Ils vivent dans l'eau et respirent au moyen de branchies.

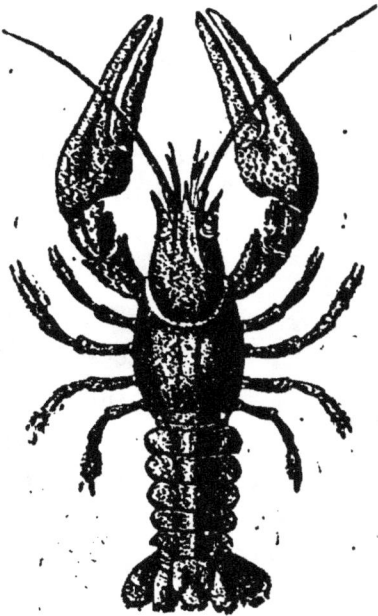

Fig. 177. — Écrevisse (*crustacé*).

Fig. 178. — Crabe (*crustacé*).

Le homard, la langouste, le crabe, la crevette sont des crustacés comestibles, très recherchés.

190. Les vers. — Si l'on examine le corps d'un ver de terre, on voit qu'il est formé d'anneaux, mais il est dépourvu de membres : c'est un *annelé*.

Outre le lombric ou ver de terre, qui vit sous terre et ameublit le sol en creusant des galeries, on peut encore citer la sangsue.

Fig. 179. — Sangsue (*ver*).

Certains *vers parasites* vivent dans le corps des animaux et dans les végétaux et peuvent souvent causer de graves désordres. Le *ténia* ou *ver solitaire* vit dans le corps de l'homme, mais il peut se développer chez le porc qu'il rend *ladre*, d'où le danger de manger de la chair de porc malsaine. La *trichine* est également un ver parasite du porc.

191. Les mollusques. — Les mollusques ont le corps mou et sans divisions apparentes : la limace, l'escargot nous présentent cette forme.

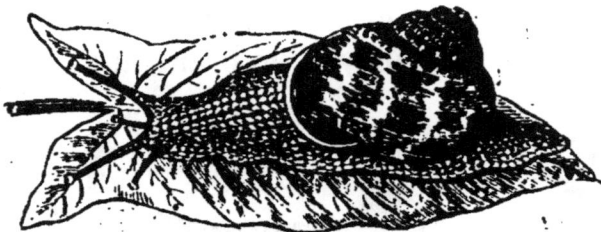

Fig. 180. — Escargot (*mollusque*)

Les uns sont recouverts d'une coquille formée d'une ou deux valves, les autres ont le corps nu. La limace est dans ce cas; l'escargot, la moule, l'huître sont, au contraire, pourvus d'une coquille. L'huître et la moule vivent dans l'eau et sont recherchées comme comestibles.

Une huître, appelée huître perlière, sécrète les perles très recherchées dans la bijouterie.

192. Animaux-plantes. Zoophytes ou rayonnés. — Certain animaux, comme le corail, l'éponge, vivent sur des supports qu'ils sécrètent et qui les font plus ressembler à des plantes qu'à des animaux, d'où leur nom de *zoophytes.* D'autres ont le corps disposé en forme de rayons, comme l'étoile

Fig. 181. — Corail.

de mer, les méduses, les oursins : on les appelle des *rayonnés.*

Fig. 182. — Éponge.

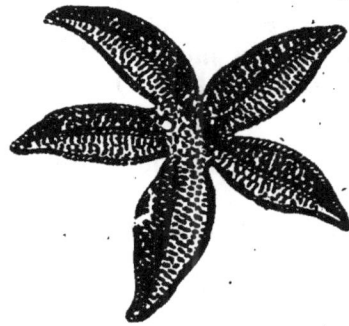

Fig. 183. — Étoile de mer.

193. Infusoires. — L'eau dans laquelle on a fait *infuser* des matières organiques, du foin, par exemple, renferme des quantités innombrables de petits animaux, visibles au microscope seulement. Leur corps est souvent formé d'une seule cellule qui, en se partageant en deux, donne naissance à deux individus.

Ces animaux microscopiques sont répandus dans l'air et dans l'eau. Ils peuvent pénétrer dans notre organisme et y causer certaines maladies appelées microbiennes, du nom de **microbes** que l'on donne à ces êtres. Il est démontré aujourd'hui qu'un grand nombre de maladies ont une origine microbienne. On a heureusement trouvé le moyen de nous préserver de quelques microbes par la vaccination. Jenner avait découvert le vaccin contre la variole, Pasteur a découvert celui de la rage et du charbon, le Dr Roux, plus récemment, celui du croup. On espère découvrir celui d'autres maladies.

Fig. 184. — Goutte d'eau contenant des infusoires très grossis.

Tableau résumant les Invertébrés.

I. Corps formé d'*anneaux* et pourvu de membres.......... } *Articulés* { terrestres.. { *Insectes* (hanneton, abeille). *Araignées.* aquatiques. { *Crustacés* (homard, écrevisse).

II. Corps formé d'*anneaux* sans pattes.. { *Annelés* ou *vers* (ver de terre).

III. Corps mou, sans divisions......... { *Mollusques* (limace, huître).

IV. Corps disposé en rayons, animaux ressemblant aux plantes.............. { *Rayonnés* ou *Zoophytes* (étoile de mer, corail).

V. Animaux microscopiques, simples.... { *Infusoires* (microbes ou ferments).

DEVOIR. — *Quels sont les animaux qu'on appelle infusoires? Quelles maladies peuvent-ils occasionner? Comment peut-on les combattre?*

❈ ❈ ❈

TROISIÈME PARTIE

Les végétaux

41ᵉ LEÇON

LA PLANTE. — SES DIFFÉRENTES PARTIES

192. Idée d'un végétal; ses parties essentielles. — Nous distinguons facilement plusieurs parties dans une plante :

Fig. 185. — Un végétal.
Ricin : tige herbacée montrant les différentes parties de la plante.

Fig. 186. — Un végétal.
Frêne : tige ligneuse.

l'une qui s'enfonce dans la terre et qui la fixe au sol, c'est la **racine**; l'autre qui s'élève dans l'air, c'est la **tige** qui porte des **feuilles** et, à certaines époques, des **fleurs** et des **fruits**.

193. Racine. — La racine peut présenter plusieurs formes différentes. Dans la carotte, elle se compose d'une seule grosse racine centrale de laquelle naissent de petites racines appelées *radicelles;* dans les arbres, comme le poirier, la racine principale se ramifie en racines secondaires qui produisent également des radicelles formant ce que l'on appelle le *chevelu* de la plante; dans ces deux cas, la racine est dite *pivotante*. On l'appelle *fasciculée,* lorsqu'elle forme un faisceau de petites racines partant du même point et toutes de la même grosseur, comme dans le blé, le seigle, l'orge, l'avoine. Certaines tiges émettent des racines que l'on nomme racines *adventives,* tels sont le fraisier (coulants), le lierre.

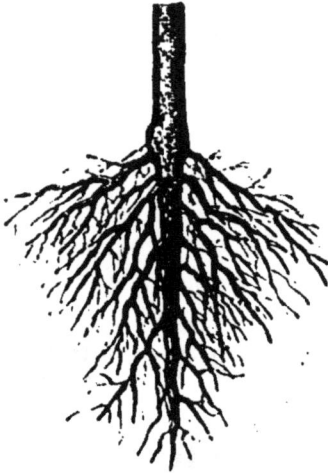

Fig. 187. — Racine pivotante ligneuse (*poirier*).

Fig 188. Racine pivotante herbacée (*carotte*).

Fig. 189. — Racine fasciculée (*blé*).

194. Polls ab-

sorbants. — Les dernières ramifications des racines ou radicelles sont garnies, vers l'extrémité,
d'un manchon de poils
appelés poils *absor-
bants* que l'on aperçoit
bien lorsqu'une racine
se développe dans
l'eau. Ces poils font
'office de suçoirs et
puisent dans le sol les
liquides qui servent de
nourriture à la plante. L'extrémité des radicelles est pro-
tégée par une enveloppe résistante nommée *coiffe*.

Fig. 190. — Racines adventives
du fraisier.

195. La tige. — La tige fait suite à la racine ; elle en
est séparée par le collet. Elle est, ou *herbacée*, comme
dans le blé, ou *li-
gneuse,* comme dans
les arbres. Dans le
premier cas, elle est
formée de *cellules* et
vaisseaux qui la par-
courent dans toute sa
longueur et se pro-
longent, d'une part
dans les racines jus-
qu'aux poils absor-
bants, d'autre part
dans les nervures des
feuilles. Dans les
tiges ligneuses, on
trouve, au centre, la
moelle, puis le *bois* formé de fibres produites par l'épais-
issement des parois des cellules, enfin l'*écorce*.

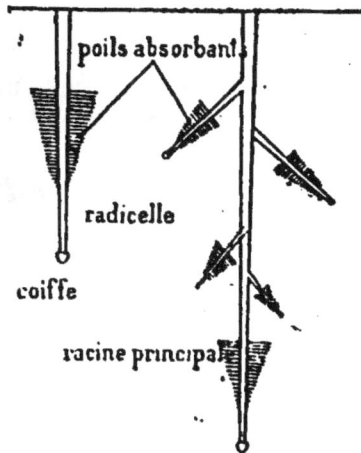

Fig. 191. — Racine prin-
cipale avec des radicelles.

Fig. 192.
Poils
absorbants
(*grossis*).

Le bois et l'écorce sont également traversés par des vaisseaux, plus nombreux dans la couche qui sépare ces deux parties et qui porte le nom de **couche génératrice.**

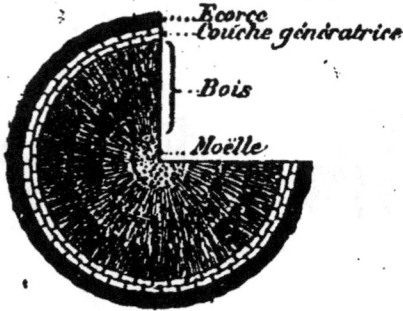

Fig. 193. — Coupe horizontale d'une tige ligneuse.

La tige porte directement les feuilles, ou se ramifie et donne naissance aux branches sur lesquelles sont attachées les feuilles.

RESUMÉ

192. La plante est un *être vivant* qui naît, se développe et meurt, mais elle n'est douée ni de mouvement, ni de sensibilité.

193. On distingue trois parties dans une plante : la *racine*, la *tige* et les *feuilles*.

194. La racine est la partie qui s'enfonce dans le sol : elle est *pivotante* ou *fasciculée*.
Son extrémité est garnie de *poils absorbants*.

195. La tige est la partie qui s'élève dans l'air : elle est *herbacée* ou *ligneuse;* elle porte les branches et les feuilles.

DEVOIR. — *Faites la description d'un végétal, et indiquez-en les parties essentielles.*

✳ ✳ ✳

42e LEÇON

LES FEUILLES

196. Structure des feuilles. — Les feuilles sont des organes minces, de couleur verte, supportés par la tige ou par les rameaux. Elles sont tantôt reliées à la tige par la queue ou *pétiole*, tantôt la partie élargie appelée *limbe* s'attache directement à la tige, comme dans le pois.

Quand on examine de près une feuille, on voit qu'elle présente des *nervures* qui partent du pétiole, se ramifient et forment un réseau serré. Les intervalles formés par ces nervures sont remplis par des cellules qui contiennent une matière verte appelée **chlorophylle**. C'est cette matière qui donne aux feuilles leur couleur; la chlorophylle se développe à la lumière; les plantes qui poussent dans l'obscurité ont les feuilles blanches; on fait blanchir les salades en les recouvrant.

Fig. 194. — Feuille simple (*tilleul*).

Fig. 195. — Feuille composée (*faux acacia*).

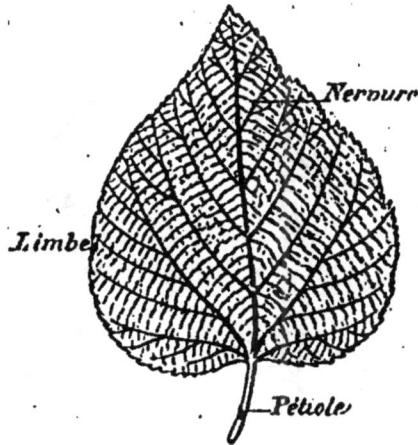

Fig. 196. — Feuille composée (*marronnier*).

Sur la face inférieure, des ouvertures que l'on ne peut apercevoir qu'au microscope et appelées *stomates*, font communiquer le tissu intérieur des feuilles avec l'atmosphère.

Forme des feuilles. — Les feuilles ont des formes différentes, suivant les végétaux ; elles sont *simples,* comme

Fig. 197.
Feuille lobée
(*chêne*).

Fig. 198.
Feuille lancéolée
(*laurier*).

Fig. 199. — Feuille
dentée
(*peuplier*).

celles de la vigne, ou *composées,* comme celles du mar-

Fig. 200. — Feuilles
alternes (*cerisier*).

Fig. 201. — Feuilles opposées
(*menthe*).

roupier et de l'acacia. Elles sont *lancéolées* (laurier) ou *lobées*, c'est-à-dire découpées comme celles du chêne.

197. Leur position sur la tige. — Certaines feuilles, avons-nous vu, n'ont pas de pétiole ; on les appelle feuilles *sessiles* ; dans le maïs, le blé, la base de la feuille enveloppe la tige : elle est dite *engainante*.

Sur la tige, les feuilles sont attachées une par une, en

Fig. 202. — Feuilles
engaînantes (*maïs*).

Fig. 203. — Feuilles
verticillées (*garance*).

différents points ; elles sont *alternes*, ou bien *opposées* deux par deux à la même hauteur ; elles sont enfin *verticillées* quand elles sont disposées en plus grand nombre, à la même hauteur tout autour de la tige.

198. Fonctions des feuilles. — *Les feuilles sont le siège d'une évaporation constante* (voir 9ᵉ Leçon), d'autant plus abondante que la surface des feuilles est plus considérable : on a évalué à 36,000 kilogrammes le poids de l'eau qui s'évapore ainsi par jour d'un hectare de terre planté en maïs.

Elles absorbent en outre le gaz carbonique de l'air, le décomposent au moyen de la chlorophylle et, sous l'influence de la lumière solaire, retiennent le carbone et rejettent l'oxygène. Cette action peut être mise en évidence de la manière suivante : sous une cloche remplie d'eau chargée de gaz carbonique, de l'eau de seltz, par exemple, introduisons les feuilles vertes d'une plante, et laissons le tout exposé à la lumière solaire. Au bout de quelques heures, nous verrons s'accumuler au haut de la cloche des bulles de gaz que nous pourrons reconnaître pour de l'oxygène.

Fig. 204. — Évaporation par les feuilles.

Les feuilles servent enfin à la respiration des plantes.

Les plantes respirent, comme les animaux, en prenant à l'air l'oxygène et en rejetant du gaz carbonique.

Pendant le jour, la production de gaz carbonique pro-

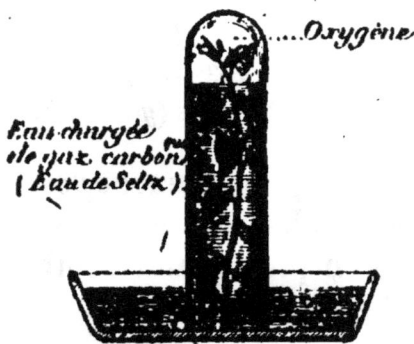

Fig. 205. — Absorption et décomposition du gaz carbonique par les feuilles.

Fig. 206. — Respiration de la plante.

venant de la respiration est masquée par la production
plus considérable de l'oxygène provenant de la fonction
chlorophyllienne ; mais,
pendant la nuit, on peut
mettre en évidence la production du gaz carboni-
que au moyen de l'eau de
chaux.

199. Bourgeons. — A
l'extrémité de la tige et à
l'aisselle des feuilles, se
trouve un organe appelé
bourgeon, recouvert de petites écailles qui le protè-
gent. Si l'on ouvre ce bourgeon, on aperçoit des feuilles enroulées qui se déve-

Fig. 207. — Bourgeons.
a, bourgeon à fleurs ; *b,* bourgeon à bois

loppent au printemps, au moment de la végétation. Certains bourgeons plus gros donnent naissance à des fleurs.

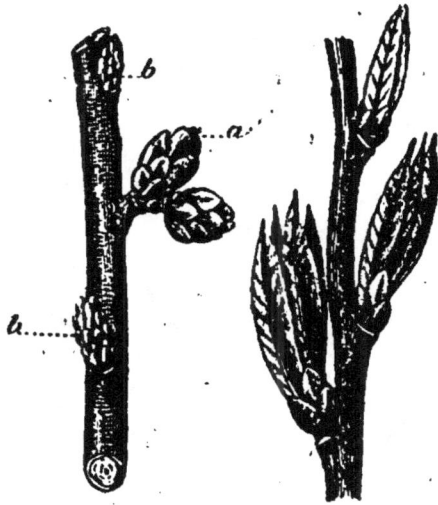

RÉSUMÉ

196. Les *feuilles* sont des organes minces, de formes diverses,
placés sur la tige ou sur les branches.

197. Elles sont formées de *nervures* et de *cellules* contenant une
substance verte qui les colore et que l'on appelle *chlorophylle.*

198. Les feuilles laissent *évaporer* l'eau qui se trouve en excès
dans la plante.

Elles *absorbent en outre le gaz carbonique de l'air* pour prendre
le carbone.

Elles servent enfin à la *respiration* des plantes.

199. Les *bourgeons,* en se développant, donnent naissance à des
feuilles ou à des fleurs.

DEVOIR. — *Quelles sont les fonctions remplies par les
feuilles? Qu'appelle-t-on fonction chlorophyllienne?*

✳ ✳ ✳

LA GERMINATION

200. Comment naît un végétal. — La plupart des végétaux proviennent de **graines**. Les graines mises dans des conditions convenables **germent** et donnent naissance à une nouvelle plante.

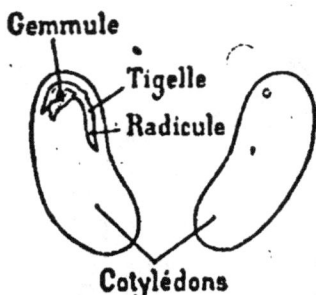

Fig. 208. — Graine de haricot.

La graine. — Examinons une graine de haricot, par exemple ; si nous la dépouillons de la peau qui l'enveloppe, nous voyons deux parties qui se séparent facilement et que l'on appelle les **cotylédons**. Entre ces deux parties, avec un peu d'attention, nous apercevons un germe qui renferme tous les éléments de la plante : une petite tige ou *tigelle;* la *radicule* qui donnera naissance à la racine ; un petit bourgeon ou *gemmule* qui produira les premières feuilles.

Dans un grain de blé qui aurait commencé à germer, nous verrions les mêmes éléments, mais un seul cotylédon dans la graine.

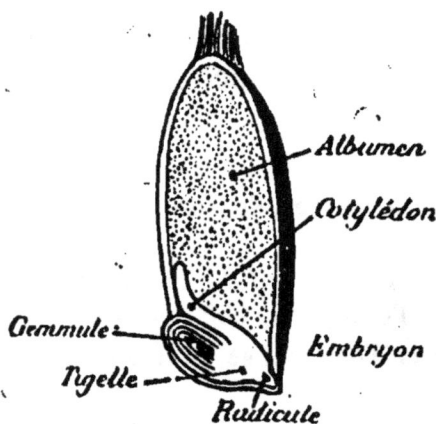

Fig. 209. — Grain de blé.

201. Germination. — Plaçons maintenant ce haricot sur de la mousse humide, ou dans du sable mouillé à une douce température : au bout de quelques jours, la graine se gonfle, les cotylédons s'entr'ouvrent, la radicule et la tigelle s'allongent en sens inverse, les deux premières feuilles apparaissent, le végétal est constitué.

Ce développement continuera encore pendant quelques jours, en même temps que l'on verra les cotylédons se rider et se vider. Si à ce moment on ne fournit à la plante que de l'eau pure, elle dépérit et meurt ; mais si on la transplante dans un sol convenable ou si on lui donne de l'eau contenant en dissolution les substances nécessaires à sa nourriture, elle continue à se développer.

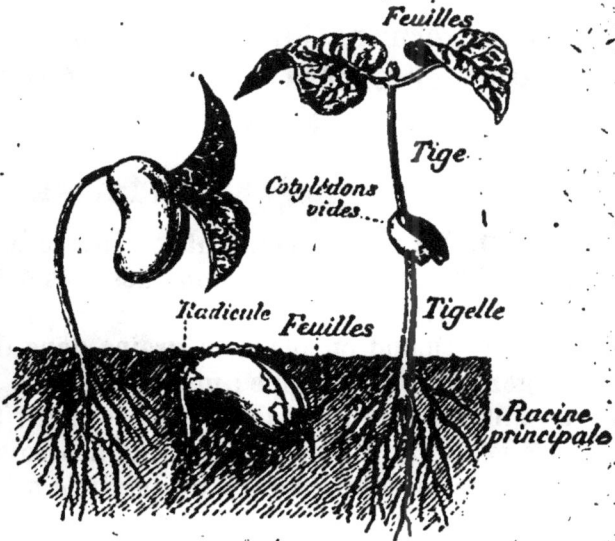

Fig. 210. — Les 3 états successifs de la germination du haricot.

202. Conditions pour qu'une plante germe. — Nous avons vu que, pour germer, la graine avait besoin de *chaleur* et d'*humidité*. Dans un terrain sec et par un temps froid, les graines ne germent pas ou germent difficilement ; un excès de chaleur ou d'humidité produirait le même effet.

L'*air* est aussi nécessaire à la germination. Dans un milieu privé d'air ou rempli

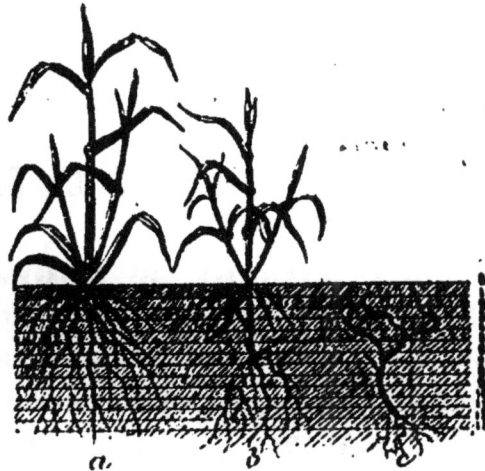

Fig. 211. — *a*, profondeur normale; bon développement; *b* et *c*, le grain enterré trop profondément germe mal.

d'acide carbonique, une graine ne germerait pas ; dans un

sol dur et compact, la germination a lieu difficilement. Ceci explique la nécessité d'ameublir le sol pour laisser pénétrer la chaleur, l'air et l'humidité.

La *profondeur* du semis influe, pour les mêmes raisons, sur la germination. Des expériences ont prouvé que des graines enfoncées trop profondément donnent naissance à des plantes chétives.

RÉSUMÉ

200. La graine contient en *germe* le végétal; ce germe est entouré d'un ou deux *cotylédons* destinés à fournir à la plante sa première nourriture.

201. Quand on place la graine dans des conditions convenables, le germe se développe; mais quand les organes de la plante sont constitués, il faut lui donner de la nourriture.

202. Pour germer, une plante a besoin de *chaleur*, d'*humidité* et d'*air*, de là, la nécessité d'ameublir le sol. La profondeur des semis influe aussi sur la germination.

DEVOIR. — *Germination d'une graine; conditions nécessaires.*

✳ ✳ ✳

44ᵉ LEÇON

LA NUTRITION DES PLANTES

203. Comment se nourrit un végétal. — Le végétal prend à la graine, pendant les premiers jours, la nourriture nécessaire à son développement. Une fois cette réserve épuisée, il dépérit si on ne le transplante dans un milieu convenable où il trouve de nouvelles substances pour sa nourriture.

Le sol renferme ces substances, mais on peut les fournir à la plante sous une autre forme. Dans de la brique ou du verre pilés, un végétal peut vivre, si on a soin de l'arroser avec de l'eau contenant en dissolution certaines substances que nous étudierons prochainement.

Au contraire, dans une terre épuisée par plusieurs cultures successives, le végétal dépérirait. Ce n'est donc pas la terre elle-même, mais les substances qu'elle renferme qui servent de nourriture à la plante.

204. Rôle de la terre. — La terre sert à fixer le végétal au moyen des racines. Elle a aussi un autre rôle très important. Elle *absorbe* et *retient* les principes nutritifs. Si l'on verse du purin sur de la terre végétale contenue dans un pot à fleur, le liquide sort clair, dépouillé de tous les éléments fertilisants qu'il contenait. Bien plus, si l'on arrose abondamment cette terre, l'eau n'entraîne aucune des substances qui y sont contenues, ainsi qu'on peut s'en convaincre au moyen de cultures comparatives.

Fig. 212. — Culture dans l'eau.
L'eau renferme les éléments nécessaires à la plante.
(*Nitrate de potasse, superphosphate de chaux.*)

La terre a donc un **pouvoir absorbant** qui lui permet de *fixer* les sels nécessaires à la nourriture de la plante, mais elle ne contient ces sels que si on les lui fournit.

205. Aliments des plantes. — Ces aliments doivent renfermer les substances mêmes qui composent les végétaux. Or, *l'analyse* nous montre que ceux-ci sont formés de *carbone* (charbon de bois), *d'eau* (oxygène et hydrogène), *d'azote*, de *potasse* (que l'on retrouve dans le résidu des cendres des végétaux), d'*acide phosphorique* et de *chaux*.

Le carbone est fourni à la plante par le gaz carbonique de l'air, les autres substances doivent lui être fournies par le sol.

206. Nécessité des engrais. — Une terre qui a nourri des plantes est appauvrie et dépourvue des éléments

Fig. 213. — Expérience pour montrer le pouvoir absorbant de la terre.
N° 1, témoin ; les n°s 2 et 3 ont été arrosés de purin, le n° 3 a été ensuite lavé abondamment : la végétation reste aussi abondante qu'au n° 2.

Fig. 214. — Cultures démonstratives pour montrer la nécessité des engrais.

A, terre épuisée sans engrais ; B, brique pilée avec engrais.

nutritifs; si on veut lui faire produire une nouvelle récolte, on devra lui fournir de nouveaux éléments : de là la nécessité des *engrais*.

207. Le fumier et les engrais minéraux. — Le *fumier* des animaux est le meilleur des engrais parce qu'il contient les éléments essentiels de la vie des plantes : azote, potasse, acide phosphorique. C'est un engrais complet.

Il serait cependant insuffisant parce qu'il ne restitue à la terre qu'une partie des éléments qui lui ont été enlevés par la récolte. On le complète au moyen d'*engrais minéraux* dits *engrais chimiques*.

RÉSUMÉ

203. La plante se nourrit de substances contenues dans le sol, mais qu'on peut lui fournir dans l'eau, dans du verre ou de la brique pilés.

204. La terre sert à *fixer* le végétal; elle a aussi la propriété très importante d'*absorber* et de fixer les principes nutritifs des engrais.

205. Les aliments nécessaires à la plante doivent contenir, outre l'eau et le carbone, de l'*azote*, de la *potasse*, de l'acide *phosphorique* et de la *chaux*.

207. C'est au moyen des *engrais* qu'on fournit ces quatre éléments aux végétaux.

DEVOIR. — *Quels sont les éléments nécessaires à la vie d'une plante? Comment sont-ils fournis aux végétaux ?*

✳ ✳ ✳

45e LEÇON

ABSORPTION DES ALIMENTS

208. Rôle des racines. — C'est par les racines que la plante puise dans le sol les substances nécessaires à sa nourriture. Ces substances sont à l'état de *dissolution* dans l'eau, et sont pompées par les poils radicaux qui entourent l'extrémité des racines.

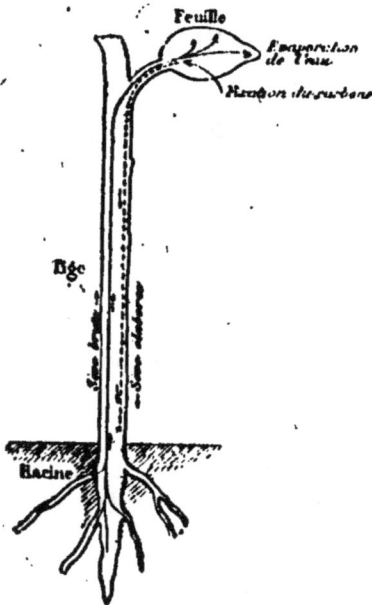

Nous avons vu (9e leçon) une expérience qui montre l'*absorption* de l'eau par les racines.

Des racines, les substances absorbées passent dans la tige par les canaux qui traversent la racine et la tige. Elles forment alors la **sève brute** qui arrive dans les feuilles.

C'est par les vaisseaux du bois que monte la sève brute, et par l'évaporation des feuilles qu'est provoquée cette ascension de la sève dans la tige.

Fig. 215. — Figure théorique pour montrer la circulation de la sève.

209. Rôle des feuilles. — Dans les feuilles s'accomplit la double fonction que nous avons déjà étudiée :

1° La *fonction de transpiration* ou évaporation par laquelle l'*eau en excès* dans la sève brute s'échappe dans l'atmosphère.

2° La *fonction chlorophyllienne* par laquelle la chlorophylle contenue dans les cellules de la feuille, sous l'influence de la lumière solaire, *fixe le carbone* de l'acide carbonique de l'air et rejette l'oxygène.

C'est avec raison que l'on a comparé les feuilles de l'arbre aux poumons de l'animal. C'est dans ces deux organes que s'accomplissent les échanges gazeux qui transforment le liquide nourricier, sang et sève, de l'un et de l'autre.

210. Sève élaborée. — La sève débarrassée de son excès d'eau par la transpiration et chargée de carbone, se transforme en un liquide riche en principes nutritifs : c'est la **sève élaborée**.

Cette sève élaborée revient alors aux branches et à la tige par les vaisseaux extérieurs placés entre l'écorce et le bois. Elle dépose les matières qu'elle contient et donne naissance à une couche circulaire de bois.

211. Comment on peut reconnaître l'âge d'un végétal. — C'est au printemps que la sève entre en circulation ; pendant l'hiver, la végétation s'ar-

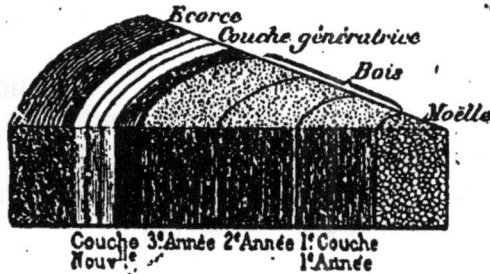

Fig. 216. — Coupe d'une tige ligneuse montrant la formation de chaque couche ligneuse.

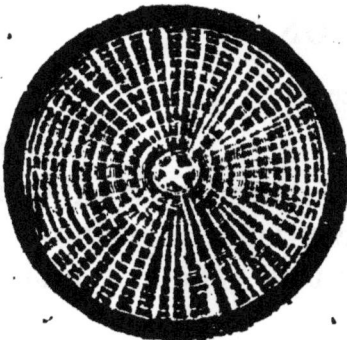

Fig. 217. — Coupe transversale d'une branche de chêne de 11 ans.

Fig. 218. — Coupe d'un pin de 11 ans.

rête. Chaque année, une nouvelle couche de bois se forme

donc et la plante s'accroît en diamètre. Ces couches sont
faciles à distinguer dans certains arbres ; leur nombre indique l'âge du végétal.

Les dernières couches formées sont plus tendres et
d'une couleur plus claire, elles forment l'aubier ; tandis
que les couches anciennes sont plus dures et forment le
vieux bois.

RÉSUMÉ

208. Les racines *puisent* dans le sol, au moyen des poils absorbants, la nourriture liquide des plantes.

209. La *sève brute* monte aux feuilles où elle se *concentre* par
l'évaporation et se *charge* du carbone produit par la fonction chlorophyllienne.

210. La sève élaborée redescend par la couche génératrice,
dépose les matières qu'elle contient et *donne naissance* à une couche
circulaire de bois.

211. On peut reconnaître l'âge d'un végétal au nombre de couches
ainsi formées.

DEVOIR. — *Décrivez la circulation de la sève dans un
végétal. — Dites quelles sont les modifications qu'elle
subit.*

✳ ✳ ✳

40ᵉ LEÇON

LA FLEUR

La plupart des végétaux portent des **fleurs** qui donnent
naissance à un *fruit.* Le fruit contient les **graines**, et les
graines en germant reproduisent un végétal semblable à
celui qui leur a donné naissance.

*La fleur est donc l'organe de la reproduction des végé-
taux.*

212. Parties essentielles de la fleur. — Examinons une fleur de giroflée, par exemple; nous voyons qu'elle se compose : 1° d'une enveloppe extérieure de couleur verte que l'on nomme le **calice**; le calice est formé de plusieurs feuilles, libres ou soudées entre elles, appelées *sépales;* 2° d'une seconde enveloppe colorée et qui constitue la partie brillante de la fleur, c'est la **corolle** formée également de plusieurs *pétales;* 3° d'organes en nombre variable appelés **étamines** qui se présentent sous la forme de

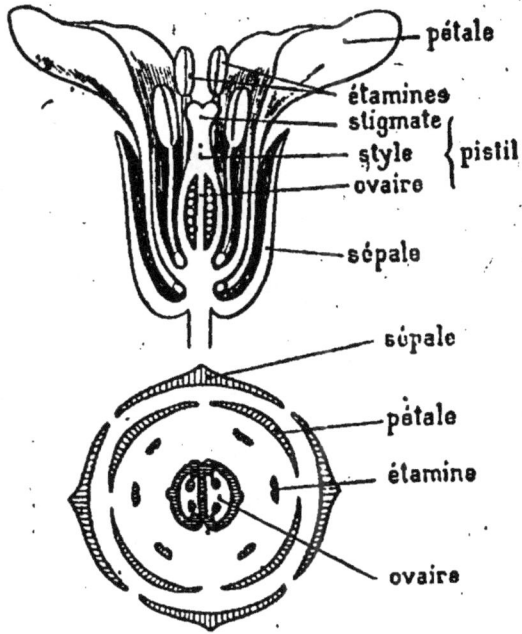

Fig. 219. — Fleur de la giroflée (*coupe*).

filets surmontés d'un petit sac couvert d'une poussière jaune que l'on appelle le *pollen;* 4° enfin à l'intérieur, et occupant le centre, d'un organe appelé **pistil** comprenant à la base un renflement ou *ovaire* surmonté d'un filet creux appelé *style* et terminé par le *stigmate.*

Le calice et la corolle sont des organes protecteurs, ils peuvent manquer, tandis que les étamines et le pistil qui sont les organes essentiels existent toujours. Ils se trouvent ordinairement sur la même fleur, mais ils peuvent

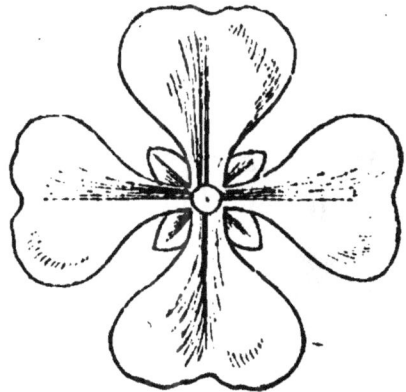

Fig. 220. — Plan du calice et de la corolle.

4 pétales, 4 sépales en croix.

être quelquefois séparés sur des fleurs différentes ou même

Fig. 221.

Chanvre mâle.   Chanvre femelle.

se trouver sur des plantes différentes, comme dans le chanvre par exemple.

213. Fonction de la fleur.

L'ovaire qui se trouve à la base du pistil renferme de petites graines appelées **ovules**, mais pour que ces ovules se développent et donnent les graines proprement dites, il faut qu'ils soient *fécondés* par le pollen des étamines. En tombant sur le pistil, les grains de pollen traversent le sty-

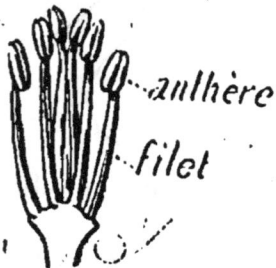

Fig. 222. — Étamines.

anthère
filet

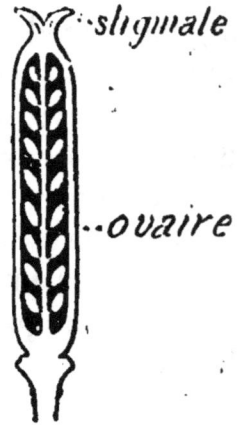

stigmale
ovaire

Fig. 223. — Pistil.

le, arrivent au contact des ovules et les fécondent. Cette

fécondation s'accomplit naturellement dans la plupart
des fleurs. Quelquefois le
vent ou les insectes, en trans-

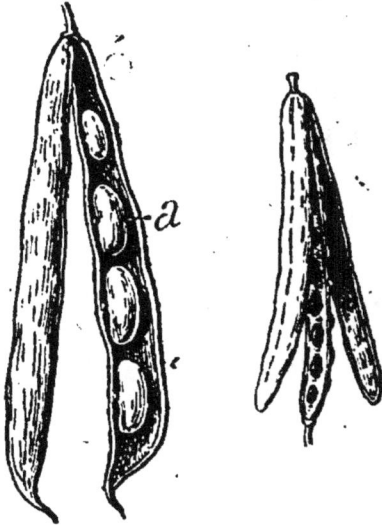

Fig. 224. — Fruits secs
(*haricots — colza*).

Fig. 225. — Fruits à pépins
(*pomme*).

a, pépins; *b*, enveloppe membra-
neuse; *c*, chair; *d*, peau.

portant le pollen d'une fleur à l'autre, facilitent la fécondation.

214. Développement du fruit. — La fécondation

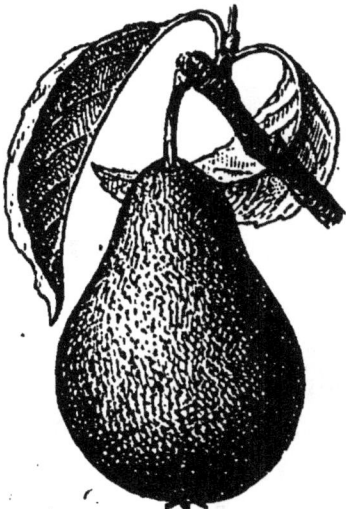

Fig. 226. — Poire
(*fruit à pépins*).

Fig. 227. — Cerises
(*fruit à noyau*).

une fois opérée, les *ovules* se développent et se transforment en *graines* propres à la germination. En même temps l'*ovaire* se développe également et produit le fruit : tantôt l'enveloppe se dessèche, on a alors les fruits secs comme le haricot ; tantôt les parois s'épaississent, le fruit est charnu comme dans la pomme et la poire (fruits à pépins), la prune, la cerise (fruits à noyau).

Un grand nombre de fruits servent à notre nourriture, d'autres sont utilisés dans l'industrie.

RÉSUMÉ

212. La fleur est l'organe qui reproduit la *graine*, c'est donc l'organe *de reproduction des végétaux.*

Elle se compose généralement de deux enveloppes, le *calice* et la *corolle*, mais les parties essentielles sont les *étamines* et le *pistil.*

213. Le pistil comprend l'*ovaire* qui renferme les *ovules ;* les étamines fournissent le *pollen* qui doit féconder les ovules pour que ceux-ci donnent les graines.

214. Le développement de l'ovaire donne naissance au *fruit.*

DEVOIR. *Quelles sont les différentes parties d'une fleur complète, et quel est le rôle de chacune d'elles?*

✳ ✳ ✳

47ᵉ LEÇON

MODE DE REPRODUCTION DES VÉGÉTAUX

215. Reproduction au moyen des graines. — Le **semis** est le mode le plus général de reproduction des végétaux. Nous avons vu qu'une graine semée germe et donne naissance à une nouvelle plante.

Les végétaux obtenus par semis ne sont pas toujours absolument semblables à ceux qui ont produit la graine, souvent ils *dégénèrent ;* il est reconnu, par exemple, que les arbres fruitiers obtenus par graines donnent des fruits de qualité inférieure.

216. Bouturage et marcottage. — Le bouturage et le marcottage ont, au contraire l'avantage de donner des végétaux absolument semblables à ceux que l'on veut reproduire. Dans la *bouture,* on détache d'une plante un rameau garni de bourgeons et on l'enfonce en terre. Ce rameau émet des racines qui se

Fig. 228. — Marcotte de vigne.

développent et nourrissent la nouvelle plante ainsi obtenue. Dans la *marcotte,* le rameau, non détaché du pied mère, est couché en terre sur une certaine longueur et on ne le détache que lorsqu'il a donné des racines assez développées pour le nourrir.

Tous les végétaux ne peuvent pas se reproduire par le bouturage ou le marcottage; les végétaux à bois tendre et à moelle, les plantes herbacées sont ceux qui se reproduisent le plus facilement de

Fig. 229. — Marcotte.
Le rameau est entouré de terre pour que les racines se développent.

cette manière : la vigne, par exemple, se reproduit également bien par bouture et par marcotte (*provignage*).

217. Greffage. — Par la greffe, on transporte sur un végétal appelé *sujet,* un rameau nommé *greffon* pris sur un autre végétal dont on veut conserver l'espèce.

La greffe doit se faire au moment où la sève va entrer

en circulation ; la condition essentielle de la réussite, c'est que la *couche génératrice* du sujet et celle du greffon soient en contact immédiat : il faut, en effet, que la sève du sujet puisse passer dans la greffe, et nous savons que c'est dans la couche génératrice que se trouvent les vaisseaux qui conduisent la sève.

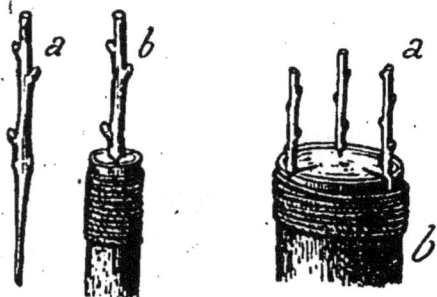

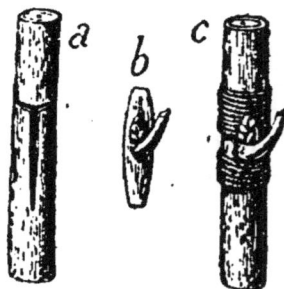

Fig. 230. — Greffe en fente et en couronne.

a, greffon ; *b*, sujet.

C'est généralement pour améliorer certaines espèces d'arbres fruitiers que l'on pratique la greffe ; sur des espèces vivaces, cerisiers, pru-

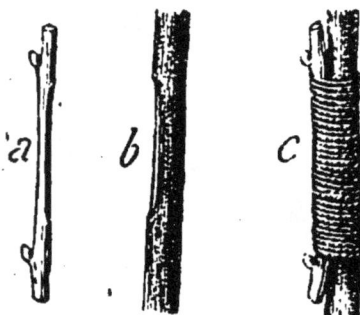

Fig. 231. — Greffe par approche.   Fig. 232. — Greffe en écusson.

niers, pommiers sauvages (*sauvageons*) qui ne produisent que de mauvais fruits, on greffe de bonnes espèces.

La greffe ne peut se pratiquer qu'entre des végétaux d'espèces analogues.

RÉSUMÉ

215. Le *semis* est le mode le plus général de reproduction des végétaux ; mais les plantes obtenues sont souvent dégénérées.

216. Le *bouturage* et le *marcottage* s'emploient pour certaines espèces de végétaux qui émettent facilement des racines adventives.

217. Par la *greffe* on transporte sur un pied vigoureux, mais donnant des fruits médiocres, un rameau provenant d'une bonne espèce.

La greffe se pratique en *fente* ou en *écusson;* il faut dans tous les cas que la couche génératrice du sujet et celle du greffon soient en contact.

DEVOIR. — *Dites ce que vous savez du bouturage et du marcottage. Comment se pratique la greffe?*

✳ ✳ ✳

48° LEÇON

CLASSIFICATION DES VÉGÉTAUX

218. **Plantes sans fleurs et plantes à fleurs.** — Tous les végétaux n'ont pas de fleurs et ne donnent pas de graines ; les *fougères,* par exemple, ne fleurissent pas ; seulement nous pouvons remarquer sur la face inférieure des feuilles de petites *taches brunes,* ran-

Fig. 233. Fougère.

Fig. 234. — Champignons.

Les spores ou graines sont situées sur les feuillets *a* ou dans les tubes *b* qui sont à la partie inférieure du chapeau.

gées régulièrement et formées d'une poussière qui, en tombant sur le sol, donne naissance à des plantes semblables.

Les *champignons*, les *algues*, les *mousses* sont dans le même cas.

On appelle tous ces végétaux des **cryptogames.**

Les végétaux qui fleurissent s'appellent des **phanérogames,** par opposition aux précédents.

Fig. 235. — Mousse.
Les spores sont contenues dans les urnes ou sporanges.

219. Dicotylédones et monocotylédones. — Dans les plantes phanérogames, nous distinguerons celles dont les graines ont deux cotylédons, comme le haricot, ce sont les **dicotylédones ;** et celles dont la graine n'a qu'un cotylédon, comme le blé, ce sont les **monocotylédones.** D'autres caractères les distinguent : les dicotylédones ont généralement des *fleurs à quatre ou cinq divisions,* les nervures des feuilles sont ramifiées, la racine est

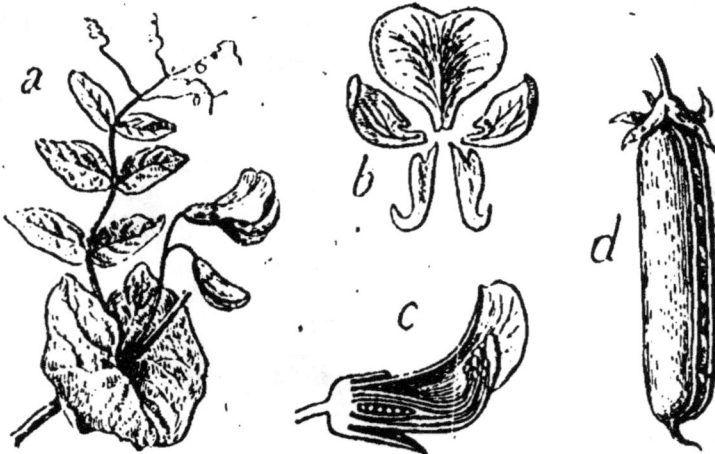

Fig. 236. — Légumineuses (*pois*).
a, plante ; *b*, pétales séparés de la fleur ; *c*, coupe de la fleur ; *d*, fruit ou gousse.

le plus souvent pivotante. Les monocotylédones ont des

fleurs à *trois ou six divisions,* les nervures des feuilles sont parallèles, la racine est fasciculée.

220. Principales familles de dicotylédones. — 1° Les plantes de nos jardins, de la famille du pois ou

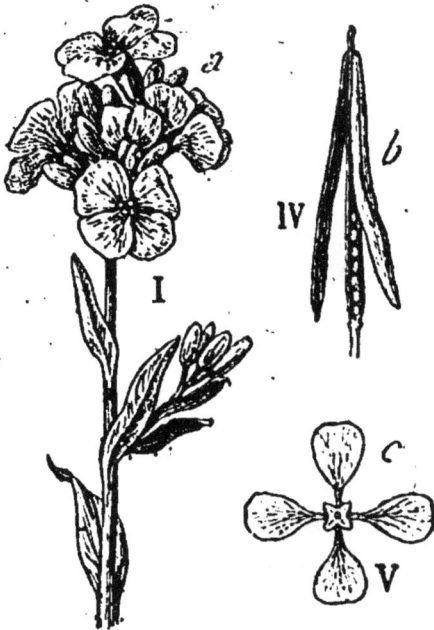

Fig. 237. — Crucifère (*giroflée*).
a, fleur; b, fruit (silique); c, corolle, pétales en croix.

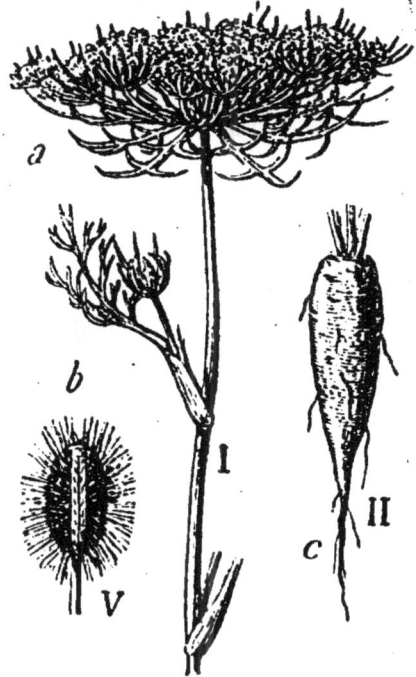

Fig. 238. — Ombellifère (*carotte*).
a, fleur; b, fruit; c, racine.

du haricot, et que l'on nomme **légumineuses.** Elles sont reconnaissables à la forme de leurs fleurs qui rappelle celle d'un papillon (*papilionacées*); leur fruit est une *gousse;*

2° Les plantes de la famille du chou dont les fleurs, formées de quatre parties, sont disposées en croix, d'où leur nom de **crucifères :** le navet, le cresson, le radis, le colza, la giroflée;

3° Les plantes, comme la carotte, le persil, le cerfeuil, le panais, qui ont des fleurs en forme d'ombrelle : on les appelle **ombellifères;**

4° Les plantes, comme l'artichaut, le pissenlit, dont la

Fig. 239. — Composée (*pissenlit*).
a, fleur composée ; *b*, fruit ;
c, une fleur isolée.

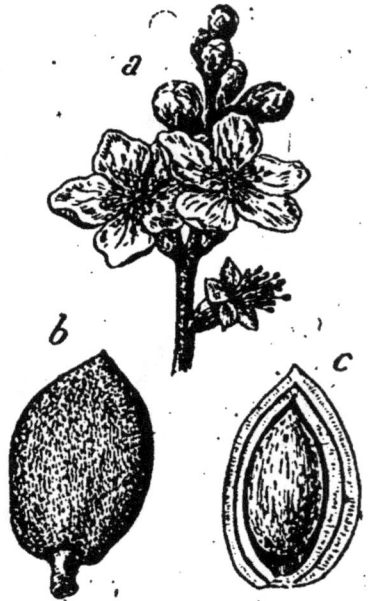

Fig. 240. — Rosacée
(*amandier*).
a, fleur ; *b*, fruit ; *c*, coupe du fruit.

fleur est *composée* d'un grand nombre de petites fleurs réunies sur un réceptacle commun : ce sont les **composées** : la laitue, le salsifis, — la camomille, l'absinthe, l'arnica ;

5° Les arbres fruitiers dont la fleur ressemble à celle du rosier sauvage et que l'on appelle des **rosacées** : ce sont le poirier, le pommier, le prunier, le cerisier, l'abricotier, l'amandier ; le fraisier appartient aussi à cette famille ;

Fig. 241. — Rosacée (*fraisier*).

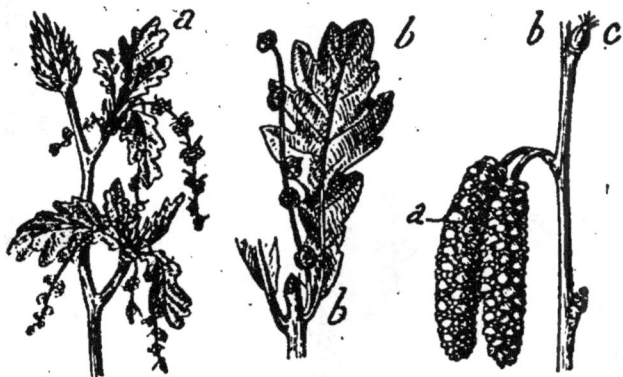

Fig. 242. — Amentacées.

a, fleurs mâles ; *b*, fleurs femelles du chêne ; *c*, fleur du noisetier.

Fig. 243.
Graminée (*blé*).

Fig. 244.
Graminée (*avoine*).

Fig. 245.
Graminée (*orge*).

Fig. 246. — Graminée (*maïs*).
a, fruit.

Fig. 247. — Liliacée
(*lis*).

Fig. 248. — Conifère (*pin
sylvestre*).

6° Enfin, les arbres de nos forêts comme le chêne, l'orme, l'érable, le châtaignier, le hêtre, le noisetier, qui forment la famille des **amentacées**.

221. Principales monocotylédones. — D'abord toute la grande famille des **céréales**, blé, orge, avoine, seigle, maïs, dont le fruit est un *épi* et qui donne le *grain;* ce sont les **graminées**, auxquelles appartiennent encore les *herbes* de nos prairies naturelles ; 2° les plantes à bulbes comme l'oignon, l'ail, l'échalote, l'asperge, le *lis*, et que l'on nomme **liliacées**.

222. Conifères. — Une dernière division comprend les arbres comme le pin, le sapin, le cyprès, le mélèze dont le feuillage est persistant et qui restent toujours *verts ;* la plupart sont des arbres *résineux.*

RÉSUMÉ

218. On distingue les *plantes à fleurs (phanérogames)* des *plantes sans fleurs (cryptogames).*

219. Les cryptogames comprennent les *fougères,* les *mousses,* les *champignons,* les *algues,* qui se reproduisent au moyen de *spores.*

220. Les phanérogames se divisent en *dicotylédones* et en *monocotylédones.* Les principales familles de dicotylédones sont les *légumineuses,* les *crucifères,* les *ombellifères,* les *composées,* les *rosacées,* les *amentacées.*

221. Les principales monocotylédones sont les *graminées* et les *liliacées.*

222. Les *conifères* ou *arbres verts,* dont le fruit est un *cône,* forment une dernière division.

DEVOIR. — *Quelles sont les principales familles de végétaux que vous connaissez? Citez un végétal appartenant à chacune d'elles ; faites-en la description.*

⁂ ⁂ ⁂

40ᵉ LEÇON

- USAGES DES VÉGÉTAUX

223. Division des végétaux d'après leurs usages. — Selon leurs usages, les végétaux se divisent en :

1° *Plantes alimentaires,* qui servent à notre nourriture ;

2° *Plantes fourragères,* qui servent à l'alimentation des animaux domestiques ;

3° *Plantes industrielles*, desquelles nous retirons certaines substances employées dans l'industrie.

Fig. 249. — Laitue   Fig. 250. — Cresson
(plantes alimentaires).

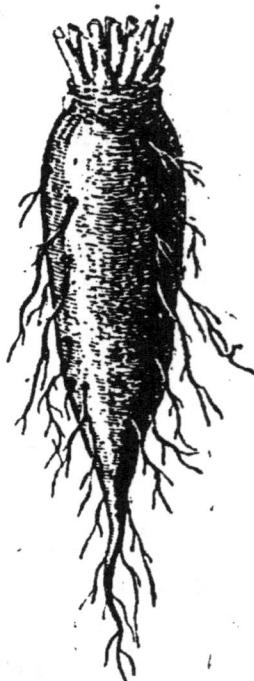

Nous distinguerons encore les plantes *médicinales* employées comme médicaments.

Fig. 251.—Salsifis   Fig. 252. — Asperge   Fig. 253. — Betté-
(plantes alimentaires).   rave alimentaire.

Il y a enfin des plantes *nuisibles* que nous devons connaître pour les détruire ou éviter d'en faire usage.

224. Plantes alimentaires. — Les unes nous don-

Aubergine.

Fig. 254. — Pomme de terre   Fig. 255. — Tomate
(*plantes alimentaires*).

nent leurs *feuilles,* comme le chou, l'épinard, l'oseille, les salades ; les autres, leurs *racines,* comme la betterave, la carotte, le salsifis ; d'autres enfin, leurs *graines,* comme les pois, les haricots : ce sont ces dernières, riches en azote, qui contiennent les substances les plus nutritives. — Un grand nombre nous donnent leurs *fruits :* le melon, la tomate, l'aubergine et tous les arbres fruitiers.

225. Plantes fourragères. — Les plantes fourragères sont consommées en vert, ce sont les fourrages verts ; ou en sec, ce sont les fourrages secs. Les premiers sont formés par les *feuilles* (choux), les *racines* ou les *tubercules* (betteraves, navets, pommes de terre) de certaines plantes.

Fig. 256. — Sainfoin
(*plante fourragère*).

Fig. 257. — Luzerne
(*plante fourragère*).

Fig. 258. — Lin
a, graine.

Les autres sont formés par le *foin* ou herbe sèche de nos prairies.

226. Plantes industrielles. — Parmi les plantes industrielles, nous citerons : 1° les *plantes textiles,* comme le lin, le chanvre, dont la tige renferme des fibres que l'on utilise pour la fabrication de la toile, des cordages ;

2° Les *plantes oléagineuses,* comme l'olivier, l'œillette, le colza, qui contiennent dans leurs graines ou dans leurs tissus de l'huile employée à différents usages ;

3° La *betterave et la canne à sucre,* desquelles on retire le sucre ;

4° Les *arbres* de nos forêts nous donnent enfin les bois variés employés, selon leur nature et leur qualité, dans les constructions, dans la fabrication des meubles, etc.

Fig. 259. — Olivier.

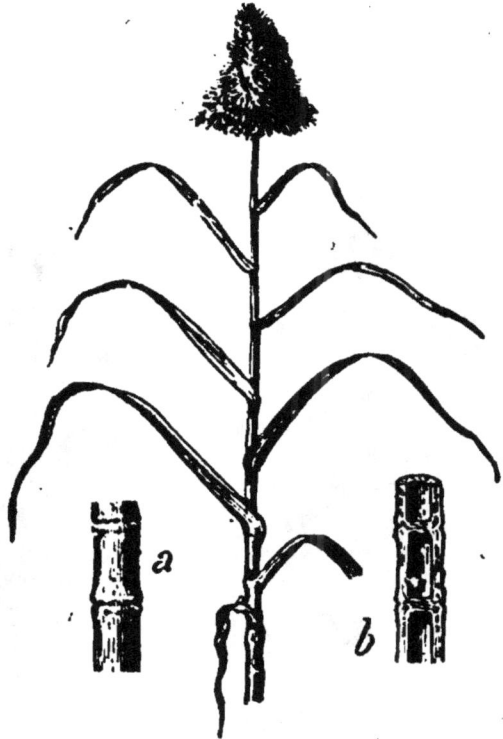

Fig. 260. — Canne à sucre.
a, tige ; *b*, coupe de la tige.

Fig. 261. — Petite centaurée
(*fébrifuge*).

Fig. 262. - - Ail
(*vermifuge*).

227. Plantes médicinales. — Les plantes médicinales sont assez nombreuses ; elles renferment toutes un
principe qui agit sur notre organisme et peut les faire employer comme *médicaments*. Les unes, appelées *fébrifuges*,

Fig. 263. — Mauve
(*émolliente*).

Fig. 264. — Bouillon
blanc (*émolliente*).

Fig. 265. — Bourrache
(*sudorifique*).

PLANTES NUISIBLES

Fig. 270. — Ciguë (*poison*).

Fig. 271. — Belladone.

Fig. 266. — Camomille
(*excitante*).

Fig. 267. — Pavot
(*calmante*).

Fig. 268. — Absinthe
(*tonique et vermifuge*).
Fleurs.

PLANTES NUISIBLES

Fig. 272. — Fausse oronge
(*champignon vénéneux*).

Fig. 273. — Cuscute.

sont employées contre la fièvre : la centaurée, le quinquina ; d'autres sont *vermifuges*, et employées contre les vers intestinaux : l'ail, la fougère mâle. Il y a des *plantes émollientes* employées pour ramollir les tissus et calmer l'inflammation : la mauve, la guimauve, le bouillon-blanc, le chiendent, la graine de lin employée en cataplasmes. Le tilleul, le sureau, la bourrache sont des *plantes sudorifiques* qui provoquent la sécrétion de la sueur. Enfin, certaines plantes, dites *purgatives*, stimulent les intestins et facilitent leurs fonctions : huile de ricin.

Fig. 269. — Ricin (*purgative*).

228. **Plantes nuisibles.** — Les plantes nuisibles

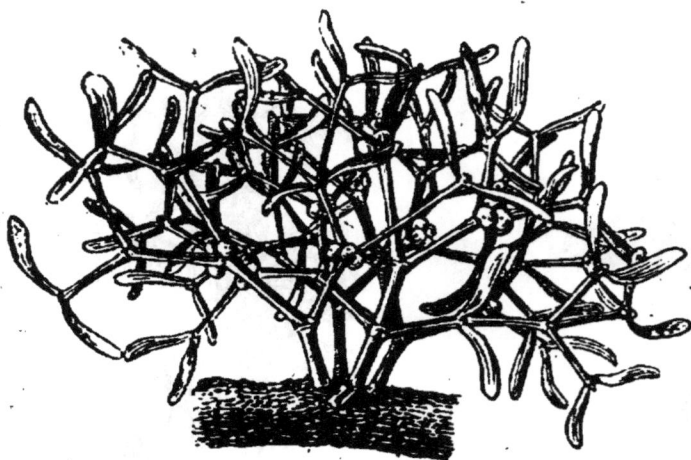

Fig. 274. — Gui (*plante parasite nuisible*).   Fig. 275.—Orobanch

sont, ou des plantes qui renferment un *poison* et qui, a sorbées, peuvent causer des empoisonnements : tels so la ciguë, la belladone, un certain nombre de champignons dits vénéneux ; ou des *plantes parasites* qui vivent aux dépens des plantes utiles et causent par là de grands dégâts : le *gui*, qui vit sur les pommiers ; la *cuscute*, qui vit sur la luzerne et le trèfle ; l'*orobanche*, qui s'attaque aux racines du chanvre, du maïs, du sainfoin.

DEVOIR. — *Citez des plantes médicinales et des plantes nuisibles ; indiquez leurs propriétés.*

RÉSUMÉ

223. Au point de vue de leurs usages, les plantes se divisent en :

224. *Plantes alimentaires* qui servent à la nourriture de l'homme ;

225. *Plantes fourragères* employées à l'alimentation des animaux ;

226. *Plantes industrielles* desquelles nous retirons certaines substances employées dans l'industrie.

227. Les *plantes médicinales* renferment un principe qui peut être employé en médecine.

228. Les *plantes nuisibles* sont ou des plantes renfermant un poison ou des *plantes parasites*.

DEVOIR. — *Citez des plantes médicinales et des plantes nuisibles ; indiquez leurs propriétés.*

QUATRIÈME PARTIE

Applications industrielles

50ᵉ LEÇON

L'INDUSTRIE ET LES MACHINES

229. Produits naturels et produits fabriqués. — Les objets que nous utilisons pour nos besoins, nourriture, vêtements, habitations, transports, etc., sont *fabriqués* au moyen de *matières premières* ou *produits naturels* que nous retirons du règne animal, du règne végétal et du règne minéral.

Cette transformation de produits naturels en produits fabriqués constitue **l'industrie**.

L'agriculture, qui est l'art de faire produire à la terre les végétaux utiles et d'élever les animaux domestiques, doit être considérée comme une branche de l'industrie, *l'industrie agricole*. Nous n'étudierons cependant, dans les leçons suivantes, que les industries proprement dites relatives aux différents besoins de l'homme, et qui utilisent les matières premières fournies par l'agriculture elle-même.

230. Les machines et la force motrice. — C'est au moyen de **machines** que s'accomplit la transformation des matières premières. Ces machines sont mises en mouvement par des **forces motrices** de différentes sortes.

L'homme appliqua d'abord sa *force musculaire* à faire marcher les premières machines, et il continue encore aujourd'hui à actionner un certain nombre de métiers : métiers à tisser, machines à coudre, etc.

Il associa de bonne heure à son travail les *animaux* qu'il avait domestiqués. Il employa le cheval, le bœuf, l'âne à traîner et à transporter les fardeaux, à faire tourner des manèges utilisés pour monter l'eau, battre le blé, écraser les graines.

Fig. 276. — Un moulin dans l'antiquité.

231. Les forces naturelles : le vent et l'eau — Puis, la force et le nombre des animaux étant limités,

Fig. 277. — Un moulin à vent.

Fig. 278. — Un moulin.

il utilisa certaines **forces naturelles** telles que le *vent* et *l'eau* qui, sans dépense pour ainsi dire, lui fournissent un travail considérable. La puissance du vent fut appliquée à faire marcher les navires à voiles et les moulins à vent, la force du courant servit à faire tourner la roue des moulins à eau.

232. La vapeur et l'électricité. — Au siècle dernier, un grand progrès fut accompli par la découverte et l'utilisation de la *force élastique* de la **vapeur**. La *houille*, qui sert à chauffer les machines et à transformer l'eau en vapeur, prit dès lors une importance capitale ; c'est avec raison qu'on a pu l'appeler le pain de l'industrie, les régions houillères devinrent des régions industrielles.

La force mise ainsi au service de l'industrie était décuplée, centuplée, par cette découverte : une machine à vapeur peut faire, en une heure, le travail qu'un cheval aurait mis des jours et des semaines à accomplir, pour lequel un homme aurait peiné des mois entiers.

C'est ainsi que les progrès de la science, en mettant au service de l'homme des machines puissantes et perfectionnées, ont diminué son labeur et augmenté son bien-être.

Enfin, l'**électricité** est venue récemment accroître encore les forces industrielles, en permettant aux machines un meilleur emploi des forces naturelles par le transport, à des distances considérables, des forces motrices, qui n'auraient pas pu être utilisées sur place. C'est particulièrement la force motrice produite par les chutes d'eau dans les montagnes, appelées si justement la *houille blanche,* qui a bénéficié de cette découverte.

233. Application des forces motrices. — Quelle que soit la force qui les met en mouvement, vent, eau, vapeur, électricité, les machines employées dans l'industrie sont composées d'organes divers, les uns recevant directement le mouvement de la force qui s'y applique :

tels sont les ailes ou la roue des moulins, le piston de la machine à vapeur; les autres servent à *transmettre* ce

Fig. 279. — Batteuse mécanique actionnée par une machine à vapeur.

mouvement aux appareils, métiers, outils, au moyen d'engrenages, de courroies, de manivelles ou de bielles.

Nous verrons des exemples de ces machines dans l'étude que nous ferons des différentes industries.

RÉSUMÉ

229. Les objets que nous utilisons pour nos besoins sont *fabriqués* au moyen de *matières premières* fournies par la nature ou produites par l'agriculture. La transformation de ces produits constitue l'industrie.

230. L'industrie emploie des *machines* mises en mouvement par des forces de diverses sortes.

La *force musculaire* de l'homme et des animaux a été la première employée.

231. Puis l'homme utilisa les *forces naturelles*, telles que le vent et l'eau, pour actionner ses machines.

232. La découverte de la *vapeur* qui multipliait les forces mises au service de l'industrie et celle de *l'électricité* qui en permettait un meilleur emploi, réalisèrent un progrès considérable.

233. Ces forces sont appliquées directement aux *organes moteurs* des machines et *transmises*, par d'autres organes, aux différents appareils, outils, métiers qui doivent être mis en mouvement.

DEVOIR. — *Quelles sont les différentes sortes de forces motrices utilisées par l'industrie pour faire marcher les machines? Donnez des exemples.*

⁂

51ᵉ LEÇON
FABRICATION DU PAIN

234. Matières premières. — Le pain est fabriqué avec la *farine* tirée des grains de différentes céréales, mais surtout du blé.

Sa fabrication comprend : la transformation du grain en farine ou **mouture**, la préparation de la pâte ou **pétrissage** et enfin la **cuisson**.

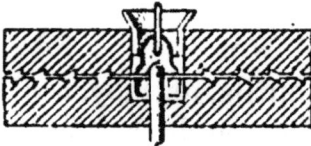

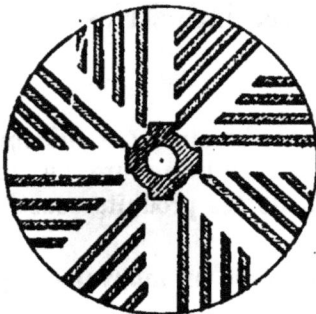

Fig. 280. — Coupe et plan d'une meule.

235. Mouture. — La mouture du blé constitue une industrie spéciale et a lieu dans des *minoteries*.

Le broyage du grain se fait au moyen de *meules* ou au moyen de *cylindres*, mis en mouvement dans des moulins.

Les meules sont constituées par des pierres très dures, de forme circulaire; elles sont disposées par paires, l'une au-dessus de l'autre; la meule inférieure est fixe, tandis que la meule supérieure, mobile, tourne autour d'un axe. Le grain est introduit entre les deux meules, au moyen d'un *engreneur*, par une ouverture pratiquée dans la meule supérieure ; il est écrasé et dirigé vers l'extérieur par des rainures pratiquées dans la surface des deux meules.

On remplace depuis quelque temps les meules par des cylindres cannelés disposés deux à deux, et tournant en sens inverses. Le grain qui passe entre ces cylindres est réduit en poudre et subit un premier *tamisage;* puis il traverse ainsi une série de cylindres de plus en plus rapprochés et présentant des cannelures de plus en plus fines ; cette opération, alternant avec des tamisages successifs, donne des farines de différentes grosseurs et de différentes qualités, depuis le *gruau* jusqu'à la fine *fleur de farine.*

Autrefois, les meules étaient mues à bras d'hommes ou par des animaux. On utilise, aujourd'hui, la force du vent et du courant d'eau : les ailes du moulin à vent ou la roue du moulin à eau transmettent leur mouvement aux meules ou aux cylindres, comme l'indique la figure ci-contre.

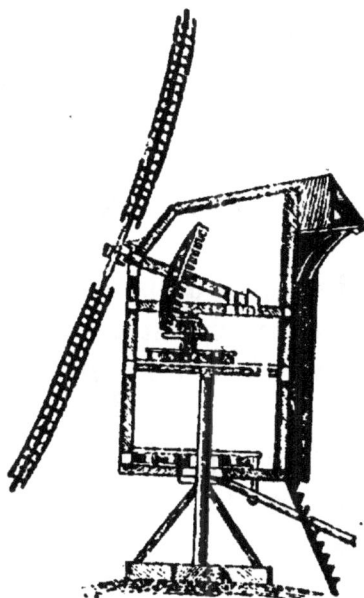

Fig. 281. — Coupe d'un moulin à vent.

Dans les grandes minoteries, c'est la vapeur qui est employée comme force motrice.

236. Blutage ou tamisage. — Le grain écrasé donne un mélange de *farine* et de *son* : le son est constitué par l'écorce du blé. On sépare l'une de l'autre dans des *blutoirs,* sortes de tamis où l'on fait arriver le mélange sortant des meules, et qui laissent passer la farine et retiennent le son.

Ces blutoirs ont généralement la forme d'une caisse hexagonale, disposée presque horizontalement et divisée transversalement en plusieurscompartiments dont les parois sont formées de tamis de grosseursdifférentes. Ils sont animés d'un mouvement de rotation ; le son et la farine passent successivement dans les divers compartiments ; la farine qui s'échappe est recueillie dans des sacs. Le son est employé à la nourriture des animaux.

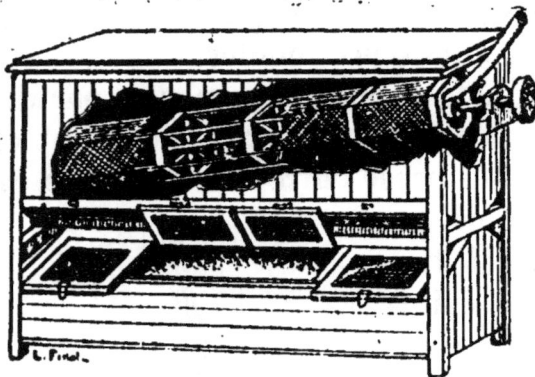

Fig. 282. — Coupe d'un blutoir.

237. Pétrissage. — La farine mélangée avec de l'eau est pétrie pour donner une pâte homogène qui sera soumise à la cuisson. Le *pétrissage* se fait soit à la main, dans des pétrins, par des ouvriers boulangers, soit mécaniquement, dans des cuves cylindriques où tourne un malaxeur.

La pâte, battue et retournée, est divisée en pâtons placés dans des corbeilles. Elle doit subir, avant la cuisson, une *fermentation* que l'on détermine en mélangeant à la pâte du **levain** provenant d'une opération précédente ou de la *levure de bière,* sorte d'écume qui se produit dans la fabrication de la bière (v. chap. suivant).

Cette fermentation donne un goût aigrelet à la pâte et occasionne un dégagement de gaz carbonique qui fait **lever** la pâte et produit, lors de la cuisson, les trous du pain ; le pain levé est plus léger et plus facile à digérer,

238. Cuisson. — Le pain levé est soumis à la cuisson dans des fours. Ces fours se composent d'une *sole* ou plancher en briques surmonté d'une voûte basse également en briques. On les chauffe avec du bois ou avec du charbon. Quand les parois sont échauffées à la température convenable, environ 250°, on retire la cendre et on nettoie la sole ; puis on enfourne le pain au moyen de pelles à

Fig. 283. — Fabrication du pain.
A gauche, pétrins mécaniques ; *à droite*, fours.

longs manches. La cuisson est opérée au bout d'une demi-heure à une heure, suivant la grosseur des pains.

Dans les nouveaux *fours*, la sole est en fonte et chauffée en dessous ; elle tourne autour d'un axe *vertical*, ce qui permet de faire passer successivement, devant l'ouverture du four, les différentes parties sur lesquelles on place les pains.

239. Pâtes alimentaires. — Les pâtes alimentaires, dites aussi pâtes d'Italie, comme le vermicelle, le macaroni, le tapioca, la semoule, sont fabriquées avec de la farine provenant de blés durs, à laquelle on ajoute quelquefois des œufs.

La **semoule** est constituée par des granules fins de farine ou gruaux que l'on retire, par des tamisages successifs, de la farine broyée au moyen de meules.

Le **tapioca** est fabriqué avec de la fécule tirée de la racine d'une plante, le *manioc,* qui est cultivée au Brésil et dans l'Amérique. Cette fécule, délayée sous forme de bouillie, passe à travers une passoire sur une plaque chauffée où elle se solidifie en petits grains.

Le **vermicelle**, le **macaroni**, les **nouilles** sont fabriqués avec du gruau fin auquel on ajoute souvent de la fécule et du gluten. La farine délayée, puis pétrie et broyée sous une meule, pour obtenir une pâte bien homogène, est pressée dans un cylindre chauffé et percé de trous de la forme convenable, ronds pour le vermicelle, annulaires pour le macaroni. La pâte sort sous forme de filaments, de tubes ou de rubans.

Les lettres, étoiles, sont obtenues de la même façon, en donnant à la section du tube la forme voulue, et en coupant la pâte en lamelles, par un couteau circulaire, à la sortie du tube.

RÉSUMÉ

234. Le pain est fabriqué avec la *farine* du blé. La fabrication comprend les opérations suivantes : la *mouture*, le *blutage*, le *pétrissage* et la *cuisson*.

235. Le grain est moulu au moyen de *meules* ou de *cylindres* dans des moulins actionnés par le vent, l'eau ou la vapeur.

236. Le mélange de son et de farine est tamisé dans des *blutoirs* qui retiennent le son et laissent passer la farine en la séparant en grosseurs différentes.

237. La farine est délayée dans l'eau et pétrie à la main ou mécaniquement dans des pétrins. On y introduit du *levain* ou de la levure de bière, afin de déterminer une fermentation qui fait *lever* le pain et le rend plus digestif.

238. La cuisson s'opère dans des *fours* fixes ou tournants; elle est achevée au bout d'une demi-heure ou d'une heure, suivant la grosseur du pain.

239. Les *pâtes alimentaires*, vermicelle, macaroni, nouilles, sont fabriquées avec de la farine de blés durs, bien pétrie et broyée. La semoule est du gruau séparé par un tamisage. Le tapioca est fabriqué avec la *fécule* retirée du *manioc*.

DEVOIR. — *Décrivez la fabrication du pain et dites pourquoi on fait lever la pâte.*

✳ ✳ ✳

52ᵉ LEÇON

BOISSONS FERMENTÉES ET BOISSONS DISTILLÉES

240. Boissons fermentées. — Le vin, la bière et le cidre sont des **boissons fermentées**, ainsi nommées parce qu'elles ont subi, pendant leur fabrication, une *fermentation* ou modification dans leur composition qui a donné naissance à de l'**alcool**.

Le vin est fabriqué avec le jus du raisin dans les pays où croît la vigne, c'est-à-dire, en France, au sud d'une ligne qui irait de l'embouchure de la Loire aux Ardennes.

La bière est consommée dans l'est et dans le nord de la France, où l'on cultive l'orge et le houblon qui servent à sa fabrication.

Enfin, le cidre est surtout fabriqué en Bretagne et en Normandie où croissent les pommiers.

241. Fabrication du vin. — La fabrication du vin rouge diffère un peu de celle du vin blanc.

Le vin rouge est fabriqué avec des raisins rouges. Les grains sont quelquefois détachés de la grappe, puis portés au pressoir où on les écrase, soit en les foulant avec les pieds, soit au moyen d'un *moulin fouloir* composé de deux cylindres cannelés entre lesquels passent les grains.

Fig. 284. — Foulage du raisin.
Au fond, pressoir.

Le jus et le résidu, appelé *marc,* sont ensuite portés dans de grandes cuves où s'établit la fermentation ; un bouillonnement se produit, du gaz carbonique se dégage ; on a soin de refouler dans le liquide le marc qui remonte à la surface. Au bout d'une dizaine de jours, la fermentation est achevée, le jus sucré ou **moût** s'est transformé en **vin** qui contient de l'alcool.

On procède alors au *soutirage* et à la mise en tonneaux, le marc est *pressé* pour en extraire tout le vin qu'il contient.

Le vin blanc se fabrique avec des raisins blancs, mais aussi avec des raisins rouges. Dans les deux cas, aussitôt

Fig. 285. — Un pressoir.

foulé, le raisin est pressé et le jus est séparé de la pulpe qui contient la matière colorante ; puis il est placé immédiatement dans des tonneaux où s'opère la fermentation.

242. Soins à donner aux vins. — Les tonneaux destinés à contenir le vin doivent être très propres ; après les avoir lavés, on y fait brûler une mèche soufrée pour détruire les germes qui pourraient provoquer des maladies (v. § 88).

Quand la fermentation est achevée, on les ferme hermétiquement ; le vin laisse déposer les impuretés qu'il contient et qui forment la *lie* au fond de la barrique ; on peut activer ce dépôt, en collant le vin au moyen de gélatine ou de blancs d'œufs qui se coagulent en entraînant les matières en suspension. Après plusieurs soutirages, le vin est clair et propre à la consommation.

243. Maladies du vin. — Malgré ces précautions, le vin peut subir un certain nombre de maladies qui altèrent sa qualité. On les évite, autant que possible, en empêchant le contact de l'air ; un procédé dû à Pasteur, et appelé *pasteurisation,* consiste à porter le vin à une température de 60 à 70°, pour détruire les germes ; mais ce procédé n'est pas toujours pratique.

244. Falsification. — Les vins subissent aussi des falsifications, soit pour en assurer la conservation, comme le *plâtrage* (addition de plâtre), soit pour augmenter sa force en alcool, comme le *vinage* qui consiste à ajouter de l'alcool aux vins trop faibles. L'analyse seule permet de découvrir ces falsifications dont quelques-unes sont dangereuses pour la santé.

245. Fabrication de la bière. — La bière est fabriquée avec de l'orge et du houblon, traités par l'eau. L'opération se fait dans les établissements nommés *brasseries.* Elle comprend un certain nombre d'opérations que nous allons décrire.

L'orge, ainsi que la plupart des grains de céréales, contient de *l'amidon* qui peut se transformer en *sucre* susceptible de *fermenter* et de donner de l'alcool, comme le jus du raisin.

Cette transformation s'opère en faisant *germer* les grains qui ont trempé dans l'eau, dans de vastes pièces maintenues à une température de 16 à 18°.

Les grains germés sont ensuite portés dans des séchoirs, où un courant d'air chaud arrête la germination; puis remués et tamisés pour détacher et séparer les germes des grains qui forment ce que l'on appelle le *malt;* l'opération s'appelle **maltage.**

Fig. 286. — Intérieur d'une brasserie.

En bas, cuves où s'opère le brassage;
En haut, chaudières où se fait la cuisson.

Les grains sont concassés et *brassés* avec de l'eau chauffée à une température de 50 à 60°. L'eau dissout le sucre qui s'est formé et donne une infusion ou *moût de bière.*

On ajoute à ce moment des fleurs de houblon et on opère une sorte de cuisson, pendant plusieurs heures, dans des chaudières à double fond chauffées par la vapeur. Le moût dissout les principes amers du houblon et se clarifie.

Enfin le moût soutiré et refroidi subit la fermentation que l'on provoque, en ajoutant de la *levure de bière* provenant d'une fabrication précédente. Un bouillonnement se produit, une écume nouvelle monte à la surface, c'est de la levure de bière; au bout d'une dizaine de jours, la fermentation est achevée, l'alcool s'est formé; il ne reste plus qu'à soutirer et à mettre en fûts.

264. Fabrication du cidre. — Le cidre est produit par la fermentation du jus sucré des pommes.

On emploie des fruits de diverses qualités : *pommes douces, pommes acides, pommes amères;* ces dernières donnent le meilleur cidre. Les pommes écrasées au moulin, ou au moyen d'une meule verticale qui tourne dans une auge circulaire, sont portées au pressoir pour en extraire le jus.

Ce jus est mis dans des tonneaux où s'accomplit la fermentation. Les *cidres mousseux,* comme les *vins mousseux* d'ailleurs, s'obtiennent en mettant les boissons en bouteilles avant que la fermentation ne soit achevée. Le gaz carbonique, qui se dégage encore après le bouchage, reste dissous dans le liquide et produit le pétillement que l'on

Fig. 287. — Distillation du vin. — Alambic.
Un bouilleur de cru à la campagne.

observe quand on débouche les bouteilles.

247. Boissons distillées. — Le vin contient de 6 à 15 0/0 d'alcool, la bière et le cidre de 4 à 6 0/0. On peut extraire cet alcool par la **distillation**, c'est-à-dire en chauffant progressivement les boissons fermentées. L'alcool, qui se réduit en vapeurs à 78°, passe le premier et l'eau reste. Les vapeurs recueillies et refroidies se condensent et donnent de l'eau-de-vie qui est un mélange d'alcool et d'eau.

L'opération peut se faire dans un *alambic*, mais la fabrication industrielle de l'alcool se fait aujourd'hui dans des appareils perfectionnés que nous ne décrirons pas.

L'alcool sert à faire les liqueurs alcooliques ; nous avons vu les dangers de ces liqueurs dans l'alimentation (v. §§ 138 et 162).

Mais l'alcool a d'autres usages nombreux qui expliquent l'importance de sa fabrication industrielle.

RÉSUMÉ.

240. Les *boissons fermentées* sont : le vin, la bière, le cidre fabriqués avec des jus sucrés qui ont subi une *fermentation*. Cette fermentation donne naissance à de l'alcool qui reste contenu dans ces boissons.

241. Le vin est du jus de raisin qui a fermenté. La fermentation a lieu dans des cuves, en présence de la pulpe ou marc, pour le vin rouge, dans des tonneaux, pour le vin blanc. Il est soutiré plusieurs fois pour le clarifier.

242. La conservation du vin exige de grands soins ; les tonneaux doivent être très propres, *soufrés* pour détruire les germes des maladies.

243. Le vin peut subir certaines maladies ; on les prévient autant que possible en évitant le contact de l'air ou par la pasteurisation.

244. Les vins peuvent aussi être *falsifiés ;* on ajoute du plâtre pour assurer leur conservation, de l'alcool pour remonter les vins faibles. Quelques-unes de ces falsifications sont dangereuses.

245. La bière est une *infusion d'orge*, que l'on a fait germer pour rendre l'amidon, qu'il contient, susceptible de fermenter. Elle est aromatisée au moyen du *houblon*.

246. Le cidre est fabriqué avec le *jus des pommes* écrasées et pressées. Ce jus subit la fermentation alcoolique, comme le jus de raisin.

247. L'alcool des boissons fermentées s'extrait par la *distillation*, ses nombreux usages industriels rendent cette fabrication importante.

DEVOIR. — *Montrez comment l'alcool prend naissance dans les boissons fermentées et décrivez la fabrication de la bière.*

✳ ✳ ✳

53ᵉ LEÇON

FABRICATION DU SUCRE

248. Matières premières. — Le sucre est retiré du jus de la **canne à sucre**, sorte de roseau qui croît dans les pays chauds, et du jus de la **betterave** que l'on cultive dans le nord de la France, en Allemagne, en Autriche.

249. Extraction du jus. — La première opération consiste à extraire le jus. A cet effet, la canne à sucre est broyée au moyen de moulins formés de cylindres cannelés entre lesquels on fait passer les tiges. Le jus qui s'écoule s'appelle *vesou;* les débris de la plante, séchés, servent au chauffage des machines.

La betterave, autrefois, était réduite en pulpe et pressée pour en extraire le jus. On emploie, aujourd'hui, un autre procédé qui

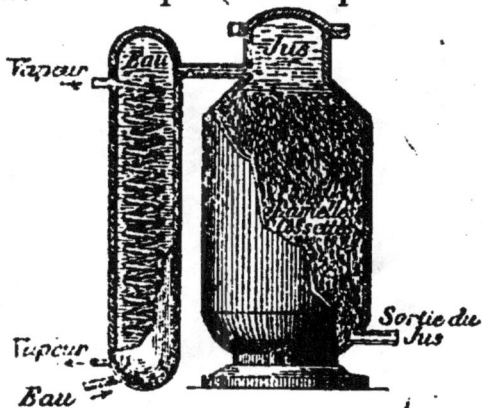

Fig. 288. — Diffuseur dans lequel les lamelles ou cossettes sont soumises à l'action de l'eau chauffée par un courant de vapeur.

donne de meilleurs résultats. Les betteraves sont découpées par une machine en petites lamelles minces de 12 à 15 centimètres de longueur et de quelques millimètres d'épaisseur. Ces lamelles, appelées *cossettes*, sont placées dans des chaudières ou *diffuseurs* où l'on fait arriver de l'eau chaude. Cette eau dissout le sucre contenu dans les cossettes, et, après avoir traversé une série de diffuseurs où elle rencontre de nouvelles cossettes, elle sort chargée de sucre.

250. Défécation. — Le sirop sucré contient des impuretés qui altéreraient le sucre ; il faut l'en débarrasser. On le fait arriver dans de grandes cuves chauffées au moyen de tuyaux de vapeur. On introduit en même temps une bouillie claire de *chaux* qui forme avec le sucre un composé, tandis que les impuretés montent à la surface sous forme d'écume que l'on enlève.

Un courant d'acide carbonique que l'on fait arriver s'empare de la chaux et laisse le jus sucré purifié, mais encore trouble.

Fig. 289. — Une sucrerie.

En haut, les chaudières où s'opèrent la défécation et la carbonatation ; *en bas*, les filtres.

251. Filtration. — On le clarifie dans des *filtres-presses* qui se composent d'une caisse renfermant des

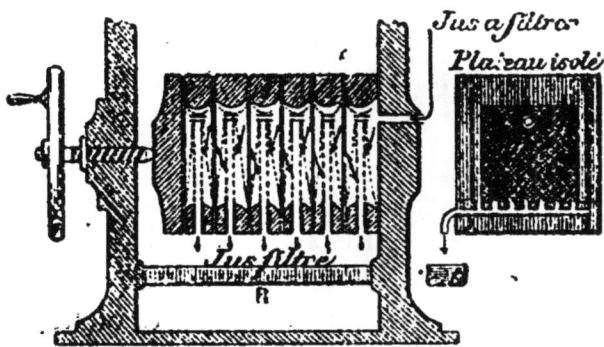

Fig. 290. — Filtre-presse pour extraire
le jus sucré.
R, réservoir où tombe le jus sucré.

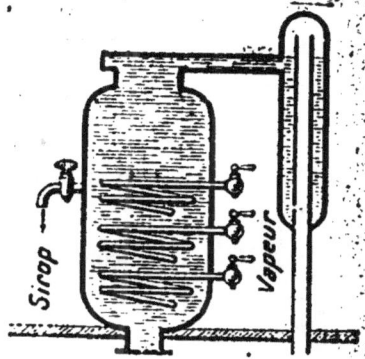

Fig. 291. — Chaudière
où se fait l'évapora-
tion du jus sucré.

cadres garnis de toiles et pressés fortement. Les filtres arrêtent les dernières impuretés du jus qui s'écoule.

252. Évaporation. — Il est soumis à l'évaporation dans des chaudières où l'on fait un vide partiel permettant à l'eau de s'évaporer à une température inférieure à 100°, car, à cette dernière température, le sucre se transforme- rait et s'altérerait. D'une première chaudière où l'eau bout à 90°, il passe dans une deuxième à 80° et dans une troi- sième à 55°. La plus grande partie de l'eau s'est alors éva- porée, le jus qui reste est *concentré*.

253. Cuisson. — On lui fait subir une cuisson dans une chaudière à double fond chauffée par un serpentin à vapeur. La cuisson est achevée lorsque le sirop a atteint un certain degré de consistance que sait reconnaître l'ou- vrier chargé de cette opération.

254. Cristallisation. — Il est enfin placé dans des *cristallisoirs*, sorte de grandes cuves où, en se refroidis- sant, il se prend en cristaux. Une dernière opération, le *turbinage,* a pour objet de séparer ces cristaux du dernier jus qu'ils peuvent renfermer. Une turbine est une cuve circulaire à doubles parois ; le vase intérieur, percé de trous, est animé d'un rapide mouvement de rotation. La masse sucrée que l'on y introduit, est projetée violemment le long des parois qui laissent passer le jus et retiennent les cristaux de sucre.

255. Raffinage du sucre.

— Le sucre ainsi obtenu conserve une couleur jaunâtre et une forme cristalline ; c'est la *cassonade.* On le soumet généralement à un **raffinage** avant de le livrer au commerce. Les *raffineries* sont des établissements distincts des fabriques de sucre. Elles sont peu nombreuses, et cette industrie est centralisée dans trois ou quatre villes : Paris, Nantes, Marseille, qui possèdent des maisons très importantes.

Fig. 292. — Raffinage du sucre.
Le sucre est versé dans des moules en forme de pains.

Le raffinage comprend un certain nombre d'opérations :

1° Le *lavage* et la *fonte* du sucre dans de grandes chaudières qui peuvent contenir 7 à 800 kilogrammes de sucre et 1.000 kilogr. d'eau ;

2° La *clarification* et la *décoloration* qui s'opèrent en mélangeant et en brassant violemment la dissolution sucrée avec du noir animal en grains provenant de la calcination des os, et avec 1 ou 2 0/0 de sang de bœuf. Il se produit une écume à la surface qui renferme les impuretés que l'on enlève ;

3° Le *filtrage,* à travers des sacs en toile de coton, puis

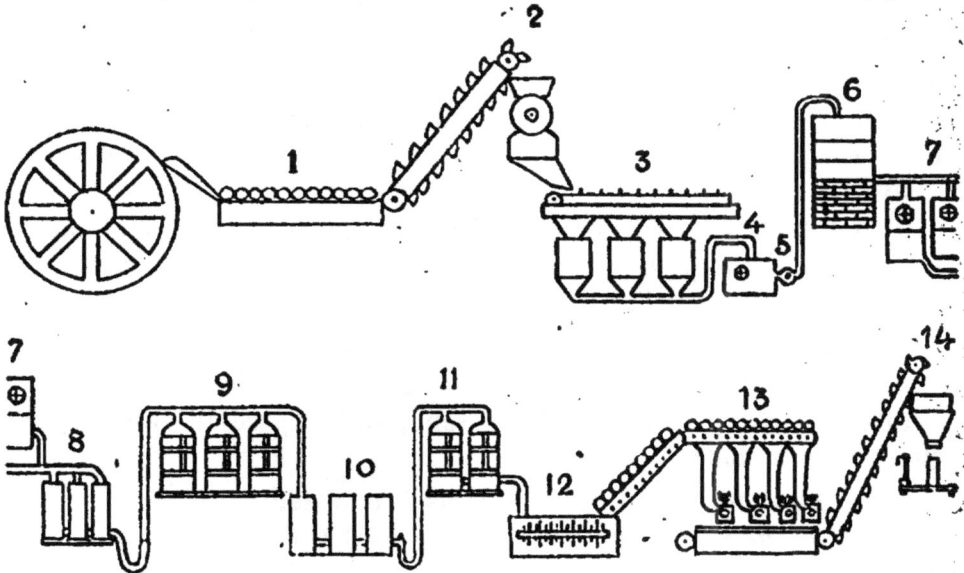

Fig. 203. — Tableau schématique de la fabrication du sucre.
1. Lavage. — 2. Coupe-racines débitant les betteraves en cossettes. — 3. Diffusion des cossettes. — 4. Chauffage du jus. — 5. Pompe foulante. — 6. Réservoir d'arrivée du jus. — 7. Carbonatation. — 8. Filtrage du jus. — 9. Évaporation triple effet. — 10. Filtrage du sirop. — 11. Cuisson dans le vide. — 12. Cristallisation. — 13. Turbinage du sucre. — 14. Mise en pains.

sur du noir animal en grains qui achève de le purifier et de le clarifier ;

4° Le sirop éclairci est enfin soumis à la *cuisson* dans une chaudière où l'air est raréfié, comme dans la fabrication proprement dite du sucre ;

5° Il est enfin mis à la forme dans des moules coniques, placés la pointe en bas, où il s'égoutte. On le clarifie encore en versant sur la base du sirop sucré qui filtre à travers la masse en entraînant les dernières impuretés ;

on active le séchage au moyen de *sucettes* placées à la partie inférieure qui aspirent l'eau.

On met aussi le sucre dans des formes cubiques, où il se solidifie, lorsqu'il doit être scié et livré en morceaux réguliers.

RÉSUMÉ

248. Le sucre est fabriqué avec le jus de la *canne à sucre* et de la *betterave*.

249. Ce jus est *extrait* en broyant les cannes et en traitant les betteraves, découpées en lamelles, par de l'eau chaude qui dissout le sucre.

250-251. Le jus sucré est ensuite traité par la chaux pour le *clarifier*; puis décomposé par un courant d'acide carbonique, et *filtré* dans des *filtres-presses* où il laisse ses impuretés.

252-253. Il est *évaporé* dans des chaudières où l'air est raréfié. Il subit une *cuisson* et est amené à son point de *cristallisation*.

254. Il *cristallise* en se refroidissant; on le sépare du dernier jus qu'il contient dans des *turbines*.

255. Le sucre cristallisé est soumis à un **raffinage**. *Fondu* et *lavé* dans son poids d'eau, il est *clarifié* et *décoloré* au moyen de noir animal et de sang de bœuf; puis filtré à nouveau, soumis à la *cuisson* et enfin mis dans des formes où il *s'égoutte* et *cristallise*.

DEVOIR. — *Décrivez la fabrication du sucre de betterave.*

※ ※ ※

54ᵉ LEÇON

FABRICATION DU BEURRE ET DU FROMAGE

256. Produits du lait. — Les beurres et les fromages sont fabriqués avec du lait. Le lait abandonné au repos, à une température convenable de 14° environ, se sépare en deux, **la crème** qui monte à la surface et qui donne le **beurre**, le lait écrémé qui *caille*, lorsqu'on y ajoute un acide ou encore certaines substances comme le suc gastrique de l'estomac, et qui forme la *caséine*, il reste un liquide sucré nommé le *petit lait*. C'est avec la caséine que se fabriquent les **fromages**.

Cette fabrication qui se faisait autrefois dans chaque ferme tend à devenir de plus en plus industrielle ; les beurreries et les fromageries sont de grands établissements qui

Fig. 294. — Écrémeuse centrifuge

En tournant rapidement, les globules de lait et de beurre, qui n'ont pas la même densité, se séparent et s'écoulent par de ; orifices différents.

recueillent le lait de toute une région et le traitent par les procédés les plus perfectionnés, procurant ainsi aux producteurs les bénéfices d'une association.

257. Fabrication du beurre. — Le beurre ne se fabrique qu'avec le *lait de vache*. Le lait placé au repos dans un endroit frais, à une température à peu près constante, donne la crème que l'on sépare. On peut aussi obtenir plus rapidement cette séparation au moyen *d'écrémeuses* à force centrifuge : le lait arrive dans un vase cylindrique qui tourne rapidement, la crème et le petit lait, de densité différente, se séparent et s'écoulent par des tubes placés à des hauteurs variables.

La crème recueillie est soumise à un *battage* violent qui agglomère la substance grasse de la crème et forme le beurre. L'opération se fait dans des **barattes** de différentes formes ; la *baratte ordinaire* est un vase en bois, de forme conique, dans laquelle on meut à la main un plateau percé de trous ; la *baratte normande* a la forme d'un tonneau, tournant sur un axe horizontal, et présentant sur les parois intérieures, des planchettes fixes qui battent le lait quand on la fait tourner ; dans la *baratte Girard*, le tonneau est fixe, et c'est un axe tournant muni d'ailettes qui bat le lait.

Fig. 295. — Fabrication du beurre.

En haut, baratte ordinaire et pétrissage du beurre ; *en bas,* baratte normande.

Le beurre formé contient du petit lait qu'il faut séparer avec soin pour l'empêcher de s'altérer ; on pétrit le beurre à la main avec des cuillères ou un rouleau en bois ; on emploie aussi des *malaxeurs* mécaniques composés de rouleaux en bois ou en fonte tournant sur des tables ; le beurre s'égoutte et le petit lait sort.

Enfin, le beurre est *salé* ou *fondu* pour être conservé, le premier procédé qui donne les meilleurs résultats consiste à introduire une certaine quantité de sel pendant le malaxage.

258. Fabrication des fromages. — Les fromages sont fabriqués avec du lait de vache, de chèvre ou de brebis, traité séparément ou quelquefois mélangé. On fait cailler le lait en ajoutant de la *présure*, substance acide formée par la membrane interne de l'estomac du veau ; la caséine se sépare.

On l'emploie seule où on y ajoute de la crème ; on a alors des *fromages maigres* ou des *fromages gras.*

Les fromages sont consommés *frais* ou subissent une *fermentation* (Roquefort), et quelquefois une *cuisson* (fromage de Gruyère).

Enfin, suivant l'état de la pâte, on distingue encore des fromages à pâte tendre ou *mous* et des fromages *durs.*

259. Fromages frais. — Les fromages frais, gras (*à la crème*) ou maigres (*à la pie*), sont obtenus par un simple caillage de la caséine que l'on fait égoutter et à laquelle on ajoute soit de la crème, s'ils sont consommés immédiatement, soit un peu de sel, si l'on veut les conserver pendant quelques jours.

260. Fromages mous fermentés. — Le *brie*, le *camembert*, le *neufchâtel* sont des fromages à *pâte molle* qui ont subi un commencement de fermentation. — La caséine est mise dans des moules et pressée pour faire égoutter le petit-lait. Puis les fromages salés et séchés sont placés dans un endroit frais pour être *affinés;* l'opération dure deux ou trois mois ; la pâte se ramollit et s'affine ; il faut arrêter la fermentation quand la pâte commence à couler.

261. Fromages durs fermentés. — Le *hollande*, le *roquefort* et le *fromage d'Auvergne* sont des fromages fermentés à *pâte ferme.* Le roquefort est fabriqué avec du *lait de brebis.* Le caillé est pétri avec soin, et placé dans des moules, sous presse, puis séché dans des linges fortement serrés. L'affinage se fait dans des caves à une température de 4° à 5° et dure plusieurs mois ; les moisissures ou veines que l'on remarque dans ce fromage sont analogues aux moisissures du pain et produites au moyen de mie de pain incorporée à la pâte.

Le fromage d'Auvergne est fabriqué avec le lait de vache. Le caillé est d'abord pétri dans une auge percée de trous pour faire écouler le petit lait ; il est ensuite mis dans des formes

Fig. 296. — Fabrication du fromage d'Auvergne.
Le petit-lait.

après avoir été salé, la fermentation s'achève dans des caves.

262. Fromages de gruyère. — Le fromage de gruyère est un fromage cuit. Sa fabrication a lieu dans tout l'est de la France, en Franche-Comté particulièrement. Le lait apporté chez le fabricant est placé dans une chaudière et chauffé à une température de 30 à 35°. On ajoute de la présure qui produit la coagulation rapide du lait.

Fig. 297. — Fabrication du fromage de gruyère.

La masse est ensuite brassée et soumise à la cuisson. Le fromage se prend en morceaux que l'on place dans un moule. Ces moules en bois peuvent être serrés à volonté, ce qui permet de presser le fromage et de faire sortir le petit-lait. L'opération est renouvelée plusieurs fois. Le fromage est ensuite porté au magasin, salé, et retourné pendant plusieurs mois ; on ne le livre à la consommation qu'au bout d'un an ou deux.

RÉSUMÉ

256. Le *beurre* et les *fromages* sont des produits du lait. Le beurre est fabriqué avec la *crème*, et le fromage avec la *caséine* qui forme le caillé du lait écrémé quand on verse un acide.

257. La crème obtenue par l'écrémage du lait est soumise au *barattage* qui agglutine le beurre. Le beurre est soumis au *malaxage* pour enlever le petit-lait qui nuirait à sa conservation. Il est salé ou *fondu*, quand on veut le conserver.

258. Les fromages sont fabriqués avec la *caséine* seule (*fromages maigres*) ou mélangée avec la crème (*fromages gras*). Ils sont *frais* ou *fermentés*, à pâte *molle* ou *dure*. Le fromage de gruyère est un fromage *cuit*.

259. Les fromages frais sont obtenus par le caillage du lait de vache, et sont consommés avec de la crème ou légèrement salés.

260. Les fromages de *brie*, de *camembert* sont des fromages à pâte molle qui ont subi un commencement de fermentation.

261. Le *roquefort* est fabriqué avec du lait de brebis, le fromage *d'Auvergne*, avec du lait de vache. Ce sont des fromages à pâte dure.

262. Le *fromage de gruyère* est obtenu par la cuisson du caillé du lait de vache.

DEVOIR. — *Décrivez la fabrication du beurre.*

※ ※ ※

55ᵉ LEÇON

FABRICATION DES VÊTEMENTS. — FILATURE ET TISSAGE

263. Matières premières. — Nos vêtements sont faits avec des tissus de *lin*, de *chanvre*, de *coton*, de *laine* et de *soie*.

La fabrication de ces tissus comprend trois opérations :

1° La transformation de la matière première en fils propres à être tissés ; cette transformation se fait dans les *filatures*;

2° Le **tissage** ou fabrication proprement dite des tissus;

3° Les **apprêts**, *teinture, blanchiment* que l'on fait subir aux étoffes avant de les employer à la confection de nos vêtements.

I. Filature du lin et du chanvre.

264. Préparation. — Le *lin* et le *chanvre* sont des plantes textiles de nos pays qui renferment dans leurs

Fig. 298. — Le chanvre.
Rouissage et broyage.

Fig. 299. — Machine à teiller.
Les palettes de la roue viennent frapper les poignées de lin.

tiges des filaments résistants, agglutinés par une sorte de

colle, et qu'il faut séparer des autres parties de la tige.

Le lin et le chanvre arrachés sont d'abord mis dans l'eau à rouir. Le **rouissage** a pour but de faire disparaître la colle. Au bout de dix à douze jours, les tiges sont retirées, séchées et soumises à un **broyage**. Ce broyage se fait à la main, avec un instrument nommé *broie*, ou mécaniquement, en faisant passer la plante entre des cylindres cannelés qui brisent les fibres ligneuses.

Le **teillage** sépare la *filasse* des débris de la tige; il s'effectue au moyen d'un couteau en bois ou avec une machine spéciale dite *machine à teiller*.

Enfin le **peignage** achève le nettoyage et la préparation de la filasse. Il consiste à faire passer cette dernière entre les dents de peignes de plus en plus fins, ou dans des machines composées de peignes mus mécaniquement.

265. Filage. — On filait autrefois le lin et le chanvre à la main, à l'aide de quenouilles et de rouets. Cet usage n'existe plus guère; un Français, Philippe de Girard, a inventé la *machine à filer*, au commencement du XIXᵉ siècle.

Fig. 300. — Filage du lin au rouet et au fuseau.

Les poignées de filasse peignée sont *étalées* sur une table formée d'une toile sans fin qui les entraîne et les fait passer entre des cylindres et entre des peignes. La filasse est disposée régulièrement et sort sous forme d'une nappe continue qui est *étirée* par son passage entre de nouveaux rouleaux animés de vitesses différentes. On obtient ainsi une *mèche de préparation* qui est portée ensuite au *métier à filer*.

Ce métier se compose essentiellement de bobines disposées sur un axe muni de crochets dans lesquels passe le fil, avant de venir s'enrouler sur la bobine. Cet axe est animé d'un mouvement rapide de rotation et produit, à l'aide de crochets, la **torsion** du fil qui s'enroule régulièrement sur la bobine.

Fig. 301. — Métier à filer le lin
au banc à broches.

A, pots renfermant les mèches préparées précédemment ;
BC, cylindres et peignes servant à étirer la mèche ;
D, appareil à *tordre* muni d'ailettes à crochets qui tournent rapidement en produisant la torsion du fil ;
E, bobine sur laquelle vient s'enrouler le fil.

Le fil est maintenant prêt pour le tissage ; quelquefois on le soumet à un blanchiment ou bien il est employé à l'état de *fil écru*.

II. Filature du coton.

266. Préparation.. — Le coton provient de la *bourre* ou enveloppe des fruits d'un arbre, le *cotonnier*, qui croît au Mexique, au Brésil, dans les Indes, en Égypte.

Les balles de coton expédiées en Europe sont soumises à un *battage* et à une *ventilation* active qui redressent les fibres et enlèvent les poussières.

Puis le coton est *cardé* par son passage dans une *machine à carder* formée d'une série de rouleaux garnis de pointes nombreuses, droites ou recourbées qui le divisent, achèvent de le nettoyer et le transforment en

Fig. 302. — Machine à carder le coton.

Fig. 303. — Métier à filer le coton ou Mull-jenny.

une série de rubans réguliers.

Ces rubans sont *doublés* et *étirés* dans une machine appelée *banc à broches*, et composée d'une série de bobines sur lesquelles s'enroule le fil légèrement tordu.

Ils sont enfin *filés* dans des machines, représentées par la figure ci-dessus, où ils subissent une nouvelle torsion qui les rend plus solides.

III. Filature de la laine.

267. Préparation. — La laine nous est fournie par la *toison du mouton* et de quelques espèces de *chèvres* : on distingue les laines *longues* et les laines *courtes*, suivant la longueur des fibres.

La laine doit d'abord subir un *lavage* et un *dégraissage* pour la débarrasser de la matière grasse, nommée *suint*, qui l'enduit.

Puis elle est battue et débarrassée des poussières qu'elle contient. Elle est enfin *cardée* ou *peignée*. Les laines courtes sont cardées dans des machines analogues à celles qui servent à carder le coton ; les laines longues sont peignées, après un léger cardage, entre des cylindres garnis de dents droites et parallèles qui disposent les fibres les unes à côté des autres sans les diviser.

Fig. 304. — Peignage de laine.

La laine sort des cardeuses et des peigneuses sous la forme de rubans de plus en plus minces, *étirés, allongés,* qui viennent s'enrouler sur les bobines d'un banc à broches.

Elle est ensuite soumise, dans les machines à filer semblables aux précédentes, à une torsion plus complète qui la rend plus résistante.

IV. Filature de la soie.

268. Préparation. — La soie est produite par le cocon du *ver à soie.* Ce cocon est formé d'un fil unique enroulé et collé.

Les cocons sont d'abord *dévidés*. On les jette dans une bassine d'eau chaude pour dissoudre la colle ; on les bat avec un petit balai de bruyère qui accroche l'extrémité des fils. Cinq ou six de ces fils sont réunis et enroulés sur un *dévidoir*.

La soie ainsi obtenue porte le nom de *soie grège*. Elle est soumise, avant son tissage, au *moulinage* qui consiste à la faire passer entre des plaques garnies de feutres, pour faire disparaître les aspérités, et à *tordre* ensemble deux ou trois fils pour former un seul fil solide.

On lui fait enfin subir une cuisson en jetant les écheveaux de soie, renfermés dans des sacs, dans un bain d'eau de savon bouillante.

Fig. 305. — Dévidage de la soie.

B, bassine d'eau chauffée à 90° ;
A, anneau d'agate ou *barbin* où passent les fils de soie ;
D, Dévidoir ;
E, trembleur animé d'un mouvement de va-et-vient pour répartir le fil sur le dévidoir ;
C, petit balai ou *escoubette* servant à battre les cocons ;
F, vase d'eau froide où l'ouvrière trempe ses doigts de temps en temps pour supporter le contact de l'eau chaude.

Elle passe ensuite aux mains du teinturier ou au métier à tisser, selon que la teinture doit précéder ou suivre le tissage.

RÉSUMÉ

263. Les matières premières qui servent à faire nos vêtements sont d'abord transformées en *fils*, puis ces fils sont tissés et donnent des étoffes soumises à différents *apprêts*.

264. Le lin et le chanvre sont mis dans l'eau et *rouis*, puis ils sont *broyés*, *teillés* et *peignés*.

265. La filasse ainsi obtenue est filée à la main ou dans le *métier à filer* mû mécaniquement.

266. Le coton expédié en balles est *nettoyé, battu et ventilé,* pour chasser les poussières, puis il est *cardé, étiré,* et *filé* dans des machines spéciales.

267. La laine *lavée* et *dégraissée* est *cardée et peignée.* Elle est ensuite étirée et filée dans des machines analogues aux précédentes.

268. La soie, produite par le cocon du ver à soie, est obtenue par le dévidage du cocon ; la *soie grège* ainsi obtenue est soumise au *moulinage,* puis à une cuisson dans de l'eau de savon bouillante.

DEVOIR. — *Indiquez et décrivez les principales opérations de la filature du lin et du chanvre.*

✳ ✳ ✳

56ᵉ LEÇON

TISSAGE ET APPRÊTS

269. Principe du tissage ordinaire. — Les différents tissus ou étoffes sont formés par l'entrecroisement

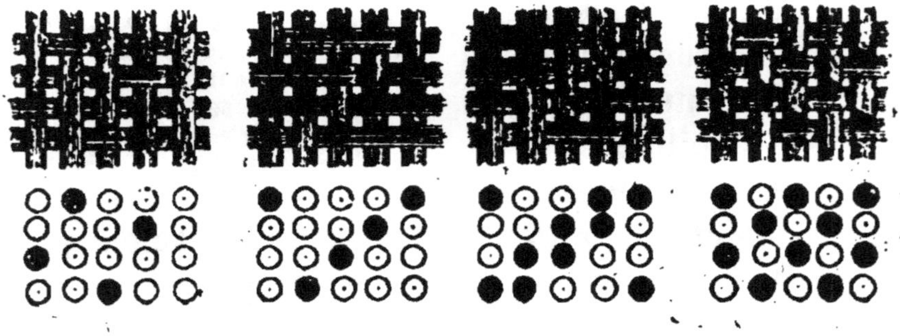

armure toile.   armure croisé   armure sergé.   armure satin.
'ou batavia.

Fig. 306. — Disposition des fils ou armures dans différents tissus.
Le fil de chaîne est le fil vertical et le fil de trame est le fil horizontal.

de fils disposés, les uns dans le sens de la longueur et appelés *fils de chaîne,* les autres dans le sens de la largeur et appelés *fils de trame.*

Cet entrecroisement peut se faire de différentes façons, comme l'indiquent les figures p. 218. Dans les cas ordinaires, dans la toile par exemple, le fil de trame passe alternativement au-dessus et au-dessous de chaque fil de chaîne ; dans les étoffes *façonnées*, au contraire, le fil de trame passe sur deux, trois ou quatre fils de chaîne et ensuite au-dessous des deux, trois ou quatre fils suivants. C'est en variant ce mode d'entrelacement qu'on obtient les différents dessins de l'étoffe.

270. Préparation des fils. — Le fil est d'abord dévidé ; les fils de chaîne sont enroulés sur des bobines qui se placent dans des *navettes ;* les fils de trame sont encollés, puis disposés parallèlement et tendus au moyen d'un rouleau sur lequel ils s'enroulent. Chaque fil passe dans les anneaux formés par d'autres fils tendus sur des châssis appelés *lames*, de façon à ce que tous les fils pairs passent dans les anneaux du premier châssis, et les fils impairs dans les anneaux de l'autre.

Il en résulte que le mouvement *alternatif* et vertical des deux lames soulève et abaisse successivement les deux nappes formées par les fils de rang pair et ceux de rang impair, en les entrecroisant.

Si, après chaque mouvement, on fait passer un fil de trame entre les deux nappes, celui-ci est enserré entre les fils de chaîne, en passant, par exemple, au-dessus des fils 1, 3, 5, 7 et au-dessous des fils 2, 4, 6, 8 ; le fil suivant le sera également, mais cette fois en passant au-dessous des premiers et au-dessus des seconds.

271. Métier à tisser. — Dans le tissage à la main, le *tisserand*, placé devant son métier, lance le fil de trame, au moyen de la navette, entre les deux nappes formées par les fils de chaîne ; il obtient l'entrecroisement alternatif de ces deux nappes par le jeu de *pédales*, rattachées aux deux *lames*, avec lesquelles il abaisse et relève succes-

sivement les fils de rang pair et ceux de rang impair.
Enfin, il serre les fils de trame les uns contre les autres,

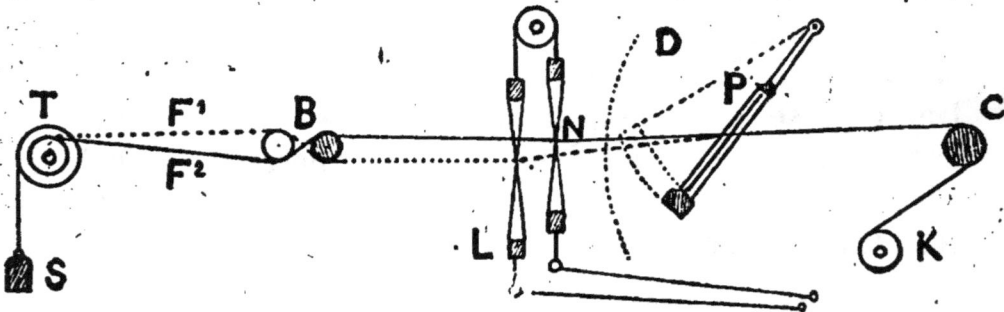

Fig. 307. — Principe du tissage ordinaire.

Schéma du métier à tisser.

F¹, fils de chaîne pairs; F², fils de chaîne impairs;
T, tambour cylindrique sur lequel sont enroulés les fils de chaîne;
S, contrepoids servant à maintenir la chaîne tendue;
B, bâtonnets maintenant les fils de chaîne pairs et impairs;
D, passage de la navette;
P, peigne servant à presser le fil de trame, après le passage de la navette.
L, pédale des fils pairs; N, pédale des fils impairs;
OK, tambours sur lesquels est reçu et s'enroule le tissu.

au moyen d'un *peigne battant* qui emprisonne tous les
fils de chaîne.

Le métier à tisser permet de réaliser ce tissage *mécaniquement* : la navette est poussée alternativement de
gauche à droite et de droite à gauche par une baguette
qui, à intervalles réguliers, vient la frapper violemment;
les lames sont manœuvrées au moyen d'un cylindre garni
de cames ou coins qui les soulève, en même temps que
les fils de chaîne correspondants; enfin le peigne battant
est mû au moyen d'une bielle qui l'éloigne et le rapproche : tous ces organes sont rattachés à une courroie
de transmission qui distribue le mouvement à toutes les
parties de la machine.

272. Métier Jacquard. — Lorsque l'entrecroisement
des fils n'est plus aussi simple que dans l'exemple précédent, le nombre des lames qui doivent soulever certains

fils de trame et en abaisser d'autres, est plus grand et la manœuvre de ces lames complique le mécanisme.

Un ouvrier français, *Jacquard,* a inventé le métier qui porte son nom et qui permet d'opérer mécaniquement cette manœuvre au moyen de cartons perforés. Nous n'entrerons pas dans le détail du mécanisme de ce métier qui est assez compliqué.

273. Apprêts. — Les étoffes fabriquées doivent subir, avant d'être employées, certai-

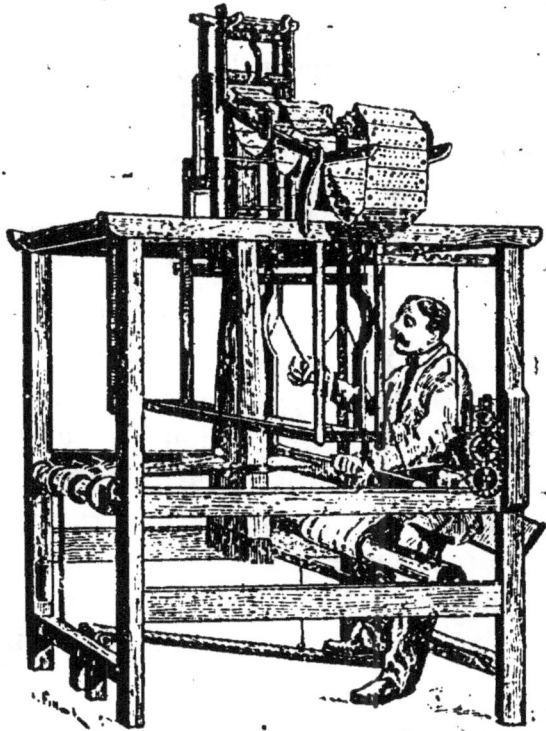

Fig. 308. — Un métier Jacquard.

En haut, un rouleau de cartons perforés produisant mécaniquement la manœuvre des fils.

nes opérations que l'on nomme *apprêts.* Elles sont en outre, suivant les circonstances et les usages auxquels on les destine, *blanchies* ou *teintes.*

L'apprêt des tissus de lin ou de chanvre consiste le plus souvent en un *lavage* et *dégraissage,* au moyen de bains de carbonate de soude, puis en un *grillage,* pour enlever le duvet, par le passage sur un cylindre chauffé au rouge, enfin en un *repassage,* après un bain d'amidon et de fécule.

274. Lainage. — Mais ce sont surtout les draps qui doivent subir plusieurs opérations assez complexes pour arriver à l'état où on les emploie. En sortant du métier à tisser, ils se présentent sous la forme d'un tissu sec et grossier. Ils sont d'abord soumis au *foulage* qui consiste à resserrer le tissu dans le sens de la largeur et dans le sens de la longueur. Dans la *machine à fouler* le drap, ce résultat est obtenu en obligeant l'étoffe à passer entre deux plaques de cuivre et à s'entasser dans un espace limité où elle est maintenue par de forts ressorts.

Le drap est ensuite *dégraissé*, c'est-à-dire débarrassé des matières grasses et huileuses qui l'ont imprégné pendant sa fabrication.

Le *lainage* ou *peignage* a pour effet de faire ressortir le duvet laineux qui recouvre la trame du tissu. Cette opération se fait à l'aide de têtes de chardon ou *cardères* qui garnissent des bancs au-dessus desquels passe le drap.

La *tondeuse* régularise la surface, puis le *lustrage*, sur un cylindre chauffé, et le *décatissage* à l'aide de la vapeur d'eau terminent cette fabrication.

Fig. 309. — Cuve de teinture.

275. Blanchiment. —

Le blanchiment a pour objet d'enlever aux tissus leur couleur naturelle et se fait, soit sur les fils, avant le tissage, soit sur l'étoffe, après le tissage.

Le blanchiment des fils ou des tissus de lin et de coton se fait au moyen du *chlore* dans des bains de *chlorure de chaux*.

La laine et la soie, qui seraient attaquées par le chlore, sont blanchies au moyen du *gaz sulfureux* dans de grandes chambres où les tissus sont suspendus.

276. Teinture. — La teinture a lieu également avant ou après le tissage ; elle a lieu avant, par exemple, pour les tissus formés de fils de différentes couleurs.

Cette teinture se fait par deux procédés : par *immersion* et par *impression*.

Dans le premier cas, les tissus débarrassés de leur colle et des corps gras dans des bains chauds d'eau de savon et de soude, sont grillés pour enlever le duvet, puis plongés dans des bains de teinture.

Ces bains sont obtenus avec des **matières colorantes** *naturelles*, d'origine animale, comme la *cochenille*, ou d'origine végétale, comme la *garance*, la *gaude*, les *bois du Brésil*, de *campêche*, etc., ou avec des **matières colorantes** *artificielles* tirées des goudrons de houille, comme les couleurs d'aniline.

Ces couleurs sont

Fig. 310. — Impression des tissus en plusieurs couleurs avec le métier appelé *Perrotine*.

A, tissu non imprimé ;
C, cylindre *gravé* qui appuie sur l'étoffe et imprime la couleur ;
B, tampon contenant la couleur ;
D, tissu imprimé montant sur des rouleaux ;
E, tissu imprimé, au séchoir.

généralement solubles dans l'eau et s'en iraient au lavage ; il faut les combiner avec des corps nommés *mordants* qui forment avec elles des composés insolubles : les principaux mordants sont : l'*alun*, le *sulfate de fer*, le *tannin*, etc.

Le *mordançage*, ou application des mordants, peut se

faire avant la teinture, ou en même temps qu'elle, en dissolvant le mordant dans le même bain que la matière colorante.

La teinture par *impression* se fait à la main, au moyen de blocs de bois sur lesquels les dessins à imprimer sont en relief. Ces dessins garnis de couleurs sont appliqués aux endroits convenables, au moyen de repères; il faut autant de blocs qu'il y a de couleurs.

L'impression mécanique se fait au moyen de rouleaux gravés en creux, garnis de couleurs, entre lesquels passe l'étoffe : il faut également autant de rouleaux que de couleurs à imprimer; mais ces rouleaux peuvent être disposés sur une même machine.

RÉSUMÉ

269. Les différents tissus sont formés par l'entrecroisement de fils, dits *fils de chaine* ou *fils de trame*, disposés de façon variable.

270. Les fils de chaîne disposés *parallèlement* et *tendus* forment deux nappes entre lesquelles on glisse les fils de trame, en faisant varier la disposition de ces nappes.

271. Dans le métier à tisser, c'est au moyen de pédales que l'on obtient l'abaissement et le relèvement *alternatifs* des fils de chaîne; la *navette* sert à faire glisser le fil de trame, le *peigne battant* presse les fils de trame les uns contre les autres pour donner un tissu serré.

272. Pour la fabrication des *façonnés*, on emploie le métier Jacquard qui réalise mécaniquement les dessins que l'on veut obtenir.

273. Les *apprêts* comprennent le *lavage*, le *dégraissage* et le *repassage*.

274. Les draps subissent un apprêt spécial pour leur donner cette apparence duveteuse qui en fait la valeur.

275. Le *blanchiment* qui a pour objet d'enlever aux fils et aux tissus leur coloration naturelle, se fait à l'aide du chlore (lin, coton) ou du gaz sulfureux.

276. La teinture se fait au moyen de *matières colorantes* naturelles ou artificielles que l'on fixe avec des mordants. Elle a lieu par *immersion* ou par *impression*.

DEVOIR. — *Indiquez le principe du tissage et décrivez les principaux organes du métier à tisser.*

✳ ✳ ✳

57e LEÇON

CHAUSSURES. — COIFFURES

277. Matières premières. — Les chaussures sont fabriquées avec du **cuir** qui nous est fourni par la *peau* de certains animaux :

Les peaux de bœuf et de buffle donnent les *cuirs forts* employés pour les semelles.

Les peaux de mouton, de cheval, de vache donnent les *cuirs mous* employés pour les autres parties de la chaussure, et aussi à d'autres usages, dans la sellerie, la carrosserie, la ganterie etc.

278. Préparation des cuirs. — Les peaux doivent subir l'opération du **tannage** qui les empêche de se rétrécir et de se putréfier. Cette opération se fait à l'aide de l'écorce de chêne, de châtaignier, de bouleau et même de sapin ; c'est

Fig. 311. — Travail de la peau sur un chevalet.

l'écorce de chêne ou **tan** qui est la plus estimée.

Les peaux sont livrées au tanneur à l'état de *peaux fraîches*, de *peaux salées* ou de *peaux sèches*. Elles sont d'abord lavées dans une eau courante pour enlever les débris de chair, de sang, et autres impuretés qui peuvent encore y adhérer.

Puis elles sont soumises au *débourrage* ou *épilage*. Pour cela on les fait tremper dans de l'eau de chaux pendant quinze jours ou trois semaines. Elles sont ensuite placées sur des chevalets et grattées avec des couteaux émoussés pour enlever le poil.

279. Tannage. — Le tannage proprement dit s'effectue en plongeant d'abord les peaux préparées dans une dissolution légère de **tan**,

puis elles sont placées dans des cuves par couches alternant avec des couches de tan. Elles y restent pendant un temps variable qui peut aller jusqu'à douze à quinze mois, on renouvelle de temps en temps la poudre de tan.

Fig. 312. — Fosses de tanneries dans lesquelles les peaux sont imprégnées de *tan* ou *écorce de chêne* pendant plusieurs mois.

On abrège aujourd'hui cette durée du tannage par l'emploi *d'extrait de tannin* ; mais les résultats ne semblent pas aussi satisfaisants que ceux qui sont obtenus par le premier procédé.

280. Cuirs divers. — Le cuir ainsi tanné peut être employé directement, mais il subit le plus souvent d'autres opérations suivant les usages auxquels il est destiné.

Après l'avoir trempé dans l'eau pour le ramollir, il est *foulé* par un pilon en bois, puis *refendu* en lames d'égale épaisseur. On l'assouplit en passant sur ses deux faces un instrument en bois nommé *marguerite :* c'est le **corroyage**.

Puis il est imprégné d'huile pour lui conserver sa souplesse ; il est enfin ciré ou verni.

Les cuirs sont encore *chamoisés*, *mégissés* et servent à la confection des chaussures fines ou des gants.

Fig. 313. — Le corroyage au moyen de l'instrument nommé *marguerite*.

Fig. 314. — Machine servant à rabattre et à cambrer les semelles. L'ouvrière va cambrer la chaussure.

281. Cordonnerie. — La fabrication des chaussures constitue une industrie importante répartie dans un certain nombre de villes : Paris, Amiens, Fougères, Limoges, Blois, etc.

A la fabrication à la main, on a substitué dans ces villes la fabrication mécanique qui s'effectue avec des machines spéciales, machines à coudre, machines à rabattre, machines à visser, etc., et qui donne des produits aussi renommés que ceux qui étaient fabriqués à la main.

Chapellerie.

282. Matières employées. — Les chapeaux sont en *feutre*, en *soie* ou en *paille*.

Le feutre est une sorte de tissu serré, obtenu en foulant les **poils** de certains animaux, le lapin, le lièvre, le castor. Ces poils se mêlent, s'entrecroisent de manière à offrir une résistance aussi grande que celle d'une autre étoffe.

On fabrique aussi du *feutre de laine*. Le feutrage de la laine s'opère assez facilement parce que les fibres sont garnies de petites aspérités qui s'accrochent et les maintiennent serrées. Avec les poils, dont la surface est lisse, il faut au contraire procéder à une opération préliminaire, le *secrétage*, qui produit les aspérités nécessaires au feutrage et qui s'effectue en arrosant les poils avec une dissolution d'un sel de mercure.

Fig. 315. — Machine mécanique ou *bastisseuse*.

K, forme conique en cuivre sur lequel les poils arrivent par le canal F;

A, aspirateur produisant un appel d'air;

A, toile sans fin qui reçoit les poils;

CDE, cylindres diviseurs opérant le triage;

R, bassine à eau chaude alimentant l'injecteur N;

G, grande caisse vitrée ouverte à la partie supérieure;

O, force motrice.

283. Feutrage. — Le feutrage se faisait autrefois à la main, il se fait aujourd'hui mécaniquement. Les poils coupés sont placés dans des machines *souffleuses* qui les trient et les classent par catégories dans de grandes chambres.

Puis ils sont repris, dans d'autres machines qui les remuent dans tous les sens, et projetés violemment par un vif courant d'air le long d'une forme conique percée de trous, au dessous de laquelle on fait un appel d'air; ils s'agglutinent et se feutrent sous l'action d'une pluie d'eau bouillante.

Les feutres ainsi obtenus sont dressés, appropriés, puis *mis à la forme*. Les chapeaux sont enfin terminés par le repassage au fer et la pose des garnitures.

284. Chapeaux de soie. — Les chapeaux de soie sont formés d'une carcasse en toile gommée, sur laquelle on applique de la *peluche de soie*. La couture du fond et du tour est dissimulée sous les poils. La mise en forme et les autres opérations s'achèvent comme dans les chapeaux de feutre.

285. Chapeaux de paille. — Les chapeaux de paille sont fabriqués avec de la paille de blé ou de seigle tressée en rubans qui sont cousus ensemble, ou bien fabriqués d'une seule pièce avec un certain nombre de brins qu'on entrelace, en leur donnant la forme convenable. Ce sont les chapeaux *manille* ou de *panama* qui sont fabriqués de cette façon, avec des fibres spéciales.

RÉSUMÉ

277. Les chaussures sont fabriquées avec le *cuir* provenant de la peau *tannée* de différents animaux.

278-279. Ce tannage se fait avec l'écorce de chêne ou *tan*. Les peaux *lavées*, *épilées* sont placées par couches alternatives avec le tan dans des fosses où elles restent jusqu'à douze et quinze mois.

280. Elles sont ensuite *corroyées* et subissent diverses préparations suivant l'usage auquel on les destine.

281. La confection des chaussures constitue une industrie importante et se fait en partie mécaniquement.

282. Les chapeaux sont en *feutre*, en *soie* ou en *paille*.

283. Le feutre est fabriqué avec des poils de *lapin*, de *lièvre* ou de *castor*, dans des machines spéciales. Il est mis à la forme et transformé en chapeau, après plusieurs opérations.

284. Les chapeaux de soie sont formés d'une carcasse de toile gommée recouverte de *peluche de soie.*

285. Les chapeaux de paille sont fabriqués avec des rubans *tressés* et *cousus*, ou d'une seule pièce avec les fibres spéciales de bois exotiques.

DEVOIR. — *Dites comment s'effectue le tannage des peaux.*

※ ※ ※

58e LEÇON

SAVONS ET BOUGIES

285 *bis*. Blanchissage. — Le blanchissage du linge et des vêtements utilise un certain nombre de produits, la *potasse*, la *soude*, les *savons* dont nous avons dit un mot dans les précédentes leçons (19e leçon). Mais nous reviendrons sur la fabrication des savons en raison de l'importance de cette industrie.

286. Matières premières. — Les savons sont fabriqués avec des *matières grasses*, de préférence les *huiles*, huiles d'olives, d'arachide, de palme, de coton, extraites des fruits ou graines de même nom, quelquefois avec le *suif* retiré de la graisse de mouton.

Le principe de cette fabrication est le suivant : quand on chauffe un corps gras avec de la potasse ou de la soude, et en général avec un alcali ou base, le corps gras se dédouble, une partie se combine avec la potasse ou la soude et donne un *savon solide*, l'autre partie liquide se sépare, c'est la *glycérine.*

Les savons à base de potasse sont *mous*, les savons à base de soude sont *durs;* ces derniers sont les plus employés.

287. Fabrication du savon. — Cette fabrication comprend plusieurs opérations.

1° L'empâtage : On verse dans une grande chaudière une lessive de soude que l'on chauffe et à laquelle on ajoute, quand l'ébullition commence à se produire, la matière grasse, huile ou suif. La saponification ou formation du savon s'opère; on ajoute de nouvelles lessives de plus en plus fortes, en brassant le mélange;

Fig. 316. — Le mélange d'huile et de soude placé dans la cuve et chauffé par un courant de vapeur.

2° Le **relargage** consiste à ajouter au mélange une nouvelle lessive fortement *salée* pour hâter la formation des grumeaux de savon qui ne sont pas solubles dans l'eau salée, puis on soutire la glycérine qui s'est formée et les lessives salées;

3° La **cuisson** a pour objet de débarrasser le savon de l'eau qu'il contient en excès. On ajoute une nouvelle lessive plus concentrée et on fait bouillir de nouveau. Lorsque la masse solide est formée, on la coule dans des caisses.

288. Savon blanc, savon marbré. — Le savon obtenu est coloré en noir par des impuretés. Pour le blanchir, on le fait redissoudre dans une faible lessive de soude. Les impuretés se déposent au fond, on coule le *savon blanc* resté à la partie supérieure.

Le *savon de toilette* est du savon blanc auquel on a

enlevé tout excès de soude et que l'on a aromatisé avec des parfums divers.

Le *savon marbré* est obtenu en introduisant pendant la cuisson certains oxydes métalliques, et en refroidissant brusquement la masse pour que la matière colorante ne se dépose pas et reste emprisonnée dans la masse.

Par suite de la cuisson prolongée de ces savons, ils contiennent moins d'eau et sont préférés par les ménagères.

Fig. 317. — Découpage du savon.

BOUGIES STÉARIQUES

289. Matières premières. — Les bougies stéariques sont fabriquées avec l'acide stéarique retiré des matières grasses et principalement du *suif*.

Ces matières sont saponifiées, c'est-à-dire décomposées au moyen de la chaux qui donne un *savon calcaire* et de la glycérine. Le savon calcaire séparé est traité par l'acide sulfurique qui s'empare de la chaux et laisse les acides gras.

Ces acides gras sont distillés, puis pressés, pour les purifier et chasser l'acide oléique qui est liquide.

290. Confection des bougies. — L'acide stéarique ainsi obtenu est fondu et coulé dans des moules disposés par séries dans une machine spéciale. Ces rangées de moules sont traversés par une mèche enroulée, à la partie inférieure, sur une bobine, et accrochée, à la partie supérieure, à une tringle mue par une crémaillère.

L'acide stéarique fondu est coulé dans les moules ; un courant d'air que l'on fait arriver les refroidit et solidifie les bougies ; on les soulève au moyen de la crémaillère, tandis qu'une nouvelle série de mèches vient remplacer la première, pour une autre opération.

Les bougies sont ensuite blanchies, lavées, rognées et polies ; elles sont prêtes à être livrées à la consommation.

La mèche de ces bougies est formée de fils de coton tressés et trempés dans l'acide borique.

Fig. 318. — Machine à mouler les bougies.

M, séries de moules traversés par les mèches qui s'enroulent sur les bobines B. Les bougies formée sont soulevées par la crémaillère C.

Cette précaution a pour effet de rendre la mèche vitrifiable, et de la faire disparaître sans avoir besoin de la moucher.

RÉSUMÉ

285 *bis.* Le blanchissage des vêtements utilise la potasse, la soude et les savons dont la fabrication constitue une industrie importante.

286. Les savons sont fabriqués avec des corps gras, de préférence des *huiles*, ou quelquefois du *suif*.

287. Les corps gras sont traités par une lessive de soude qui forme, avec une partie de la matière grasse, un *savon solide*, et qui laisse en liberté une partie liquide, la *glycérine*.

288. Il y a différentes espèces de savon, le *savon blanc*, débarrassé des imp(ortés qui lo coloraient, lo *savon de toilette*, lo *savon marbré*.

289. Les bougies stéariques sont fabriquées avec l'acide stéarique de la matière grasse, que l'on sépare par une saponification calcaire.

290. L'acide stéarique est fondu et coulé dans des moules traversés par des mèches de coton tressé et trempé dans l'acide borique.

DEVOIR. — *Décrivez la fabrication du savon.*

✳ ✳ ✳

59ᵉ LEÇON
TRAVAIL DU FER

291. Le fer. — Le fer est de tous les métaux le plus

Fig. 319. — Hauts fourneaux. — Le Creusot.

employé dans l'industrie, en raison de ses qualités qui le
rendent propre à un
grand nombre d'usa-
ges.

Nous avons vu
(20ᵐᵉ leçon) comment
on l'obtient en trai-
tant le minerai de
fer dans les *hauts
fourneaux*, et com-
ment il donne nais-
sance à la **fonte** et à
l'**acier.**

Nous allons étu-
dier les principales
opérations qu'il su-
bit, selon les usages
auxquels on le des-
tine. Les premières
ont pour objet la pré-
paration des objets
que l'on veut fabri-
quer : ce sont le *for-
geage*, le *laminage*,
le *tréfilage*; pour la

Fig. 320. — Aciérie Bessemer
Le Creusot.

Creuset dans lequel la fonte en fusion est
traversée par un courant d'air qui *brûle* le
charbon.

fonte et l'acier, le *coulage;* les secondes ont pour but le
finissage des objets, et se font à la main ou à l'aide de
machines-outils.

292. Forgeage. — Le forgeage consiste à marteler le
fer, après l'avoir chauffé et ramolli à une température qui
varie de 1.000 à 1.500°. On forge le fer pour lui donner une
forme déterminée, pour le souder à lui-même, et aussi
pour le rendre plus homogène, et le débarrasser d'impuretés qu'il contient encore.

L'opération se fait à la main au moyen du *marteau* et de *l'enclume*; pour les grosses pièces, elle se faisait à l'aide du **marteau-pilon**, dont le poids pouvait aller

Fig. 321. — Presse hydraulique à forger, puissance 2,000 tonnes. — Le Creusot.

jusqu'à cent tonnes. Aujourd'hui, on emploie de préférence la *presse hydraulique*, dont la puissance est plus considérable et le maniement plus pratique. Cette presse se compose de deux plates-formes massives que réunissent quatre montants. Sur la plate-forme inférieure est placée l'enclume, à la plate-forme supérieure est fixé le cylindre hydraulique où se meut le piston. Ce piston forme une traverse qui glisse entre les montants, et, en s'abaissant, presse le lingot mis sur l'enclume au moyen de chariots à vapeur.

293. Laminage. — Le laminage consiste à faire passer

successivement les barres de fer obtenues par le forgeage, entre des cylindres tournant en sens inverse et que l'on

Fig. 322. — Lamineurs au travail.

peut rapprocher à volonté, pour réduire le fer en feuilles minces (*tôle*) ou en barres plates d'épaisseurs diffé- rentes.

En donnant à ces cylin- dres des profils divers, on obtient des barres de for- mes différentes : c'est ainsi

Fig. 323. — Train de laminoir.

que l'on obtient les rails de chemin de fer (aujourd'hui fabriqués avec de l'acier), les poutres métalliques, les fers à T, les fers à équerre.

Le laminage s'opère aussi bien avec l'acier qu'avec le fer.

294. Tréfilage. — Le tréfilage a pour but d'*étirer* le fer et l'acier en fils de différentes grosseurs. On fait passer le métal, préparé sous forme de barres grossières, et chauffé au rouge, à travers les trous de plus en plus petits percés dans une plaque d'acier appelée *filière*.

Fig. 324. — Filières.

Les fils sont enroulés sur une sorte de bobine ou treuil, mis en mouvement au moyen d'engrenages, et qui entraîne le fil en tournant.

Ces fils sont employés à un grand nombre d'usages. C'est avec des fils d'acier que l'on fabrique les *aiguilles*, et avec du fil de fer que l'on fabrique les *pointes*; des opérations ultérieures terminent la tête et la pointe.

295. Moulage. — Le moulage consiste à faire couler de la fonte ou de l'acier fondus dans des moules préparés à l'avance avec du sable. Le modèle *en bois* de l'objet à fondre est placé sur une couche de sable humide, dans une sorte de cadre en fer ou châs-

Fig. 325. — Moulage d'objets en fonte.

sis, et entouré de sable foulé jusqu'à moitié de sa hauteur.

Un second châssis, placé au dessus, est rempli également de sable foulé, de manière à enterrer complètement le modèle.

Quand on sépare les deux châssis, si on enlève le modèle, on obtient un moule en creux dans lequel on coule de la fonte qui, en se solidifiant, donne l'objet moulé.

296. Finissage. — L'objet fabriqué par l'une ou l'autre des opérations précédentes, est fini au moyen d'outils manœuvrés à la main ou à l'aide de machines-outils mues par la vapeur et par l'électricité.

Le **dégrossissage** se fait au *burin*, ou avec la *machine à raboter*. Au contraire du rabot que l'ouvrier promène sur la pièce à dégrossir, dans la machine à raboter, l'outil est fixe, et c'est la pièce à dresser, posée sur une table en fonte, qui se déplace lentement et régulièrement ; l'ouvrier n'a qu'à régler la position du ciseau par rapport à la surface de la pièce.

Fig. 326. — Une machine à percer.

Le **dressage** et l'ajustage se font au moyen de limes que manie l'ouvrier, ou qui sont mues mécaniquement, comme dans l'*étau limeur*.

Le **perçage** s'opère au moyen de la *machine à percer* qui se compose essentiellement d'un *foret* pouvant tourner autour de son axe, en même temps qu'il s'abaisse. Au-dessous du foret se trouve une table, sur laquelle on place la pièce à percer.

Le **tournage** a pour objet la fabrication de pièces cylindriques. Il s'effectue au moyen du *tour à pédale* que l'ouvrier manœuvre avec le pied, ou d'un *tour mécanique*. La pièce à tourner est fixée entre deux *poupées* horizontales, l'une fixe, l'autre mobile et reliée à une poulie qui l'entraîne dans son mouvement de rotation.

Fig. 327. — Un tour à pédale.

Dans le tour à main, l'outil appelé *crochet* est maintenu sur un support par l'ouvrier qui le présente devant la pièce à tourner.

Dans le tour mécanique, il est fixé sur un chariot mû mécaniquement et qui se déplace dans le sens de la longueur ; l'ouvrier règle seulement la position du crochet.

La serrurerie, la clouterie, la coutellerie, la chaudronnerie, l'armurerie, etc., forment autant d'industries spéciales qui utilisent le fer et l'acier comme matières premières, et qui emploient un grand nombre d'outils et de machines, dans le détail desquels nous ne pouvons entrer.

Fig. 328. — Une filière pour la fabrication des filets de vis.

RÉSUMÉ

291. Le fer est de tous les métaux le plus employé dans l'industrie, avec la **fonte** et l'**acier** qui en dérivent.

Ils subissent, avant d'être employés, un certain nombre d'opérations préparatoires telles que le *forgeage,* le *laminage,* le *tréfilage,* le *moulage* (pour l'acier et la fonte).

292. Le *forgeage* consiste à marteler le fer rougi au feu pour le rendre plus facile à travailler et lui donner une forme déterminée.

L'opération se fait à l'aide du *marteau* et de l'*enclume,* et du *marteau-pilon* pour les grosses pièces.

293. Le *laminage* a pour objet de réduire le fer en lames minces, en le faisant passer entre des cylindres tournant en sens inverse.

294. Le *tréfilage* consiste à étirer le fer en fils, en le faisant passer par les trous d'une plaque d'acier nommée filière.

295. La fonte et l'acier fondus peuvent être coulés dans des *moules* en sable présentant la forme des objets que l'on veut obtenir.

296. Les objets sont ensuite finis par une série d'opérations, le *dégrossissage,* le *dressage,* le *perçage,* le *tournage* qui s'effectuent à la main et au moyen de machines-outils.

DEVOIR. — *Énumérez et décrivez les principales opérations que subit le fer dans l'industrie.*

✳ ✳ ✳

60ᵉ LEÇON

TRAVAIL DU BOIS

297. Différentes espèces de bois. — Le bois est fourni par les arbres de nos forêts. On distingue plusieurs espèces de bois employés à des usages différents suivant leurs qualités.

1° Les bois *durs,* qui sont employés surtout pour les

constructions, proviennent du chêne, du châtaignier, du frêne, du hêtre et du noyer ; le cerisier, le poirier, le cormier, employés dans la menuiserie, sont également des bois durs.

2° Les *bois blancs* ou *tendres* ont moins de durée et de résistance que les précédents. Ils sont fournis par le peuplier, le bouleau, le charme, l'aulne.

3° Les *bois résineux*, comme le pin et le sapin, doivent à la résine qu'ils renferment de se conserver sous l'eau.

4° Enfin, certains *bois exotiques*, comme l'acajou, l'ébène, le palissandre, sont employés pour des travaux d'ébénisterie et de menuiserie.

298. Abatage. — Les arbres sont abattus de préférence en hiver, au moment où la sève ne circule pas dans la tige. Le tronc est séparé des branches qui sont employées comme bois de chauffage ; puis on le laisse à l'abri plusieurs années, pour le faire sécher avant de le débiter. Il est ensuite *équarri*, c'est-à-dire

Fig. 329. — Équarrissage et débitage du bois.
A gauche, scieurs de long.

qu'on enlève *l'écorce* et *l'aubier* qui se conservent moins bien, et on obtient des poutres ou des solives de forme carrée ou rectangulaire.

299. Sciage. — Les poutres et les solives sont employées ainsi ou débitées en *planches*. Ce débitage se fait à la main, par des *scieurs de long,* ou mécaniquement par des scies de différentes formes, mues par la vapeur ; ces scies sont à *lames parallèles* animées d'un mouvement de va et vient et débitent plusieurs planches à la fois, ou bien ce sont des scies *circulaires* tournant entre deux bâtis sur lesquels glisse la

Fig. 330. — Une scie mécanique à châssis vertical.

pièce de bois ; d'autres enfin ont la forme d'un *ruban* sans fin, passé sur deux poulies et animé d'un mouvement continu.

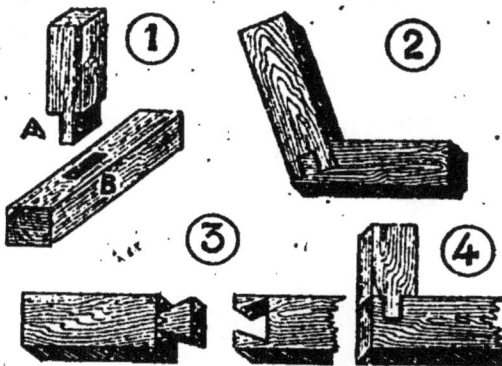

Fig. 331. — Assemblages.

1 assemblage droit ; A, tenon ; B, mortaise ;
2 assemblage en pan coupé ;
3 assemblage à queue d'aronde ;
4 embrèvement d'angle simple ;
1 et 3, assemblage en charpenterie ;
2 et 4, assemblage en menuiserie.

Les pièces de bois sont placées sur un chariot mobile, mis en mouvement lui aussi par la machine.

300. Usages du bois. — Le bois livré en poutres, solives et planches, est employé à un grand nombre d'usages par des ouvriers divers :

Les **charpentiers** font les charpentes qui supportent le toit des maisons, posent les solives sur lesquelles reposent les planchers, placent les escaliers qui font communiquer les différents étages de la maison.

Les menuisiers font les portes et les fenêtres, les volets et les persiennes qui ferment les ouvertures, placent les parquets; ils fabriquent aussi des meubles ordinaires.

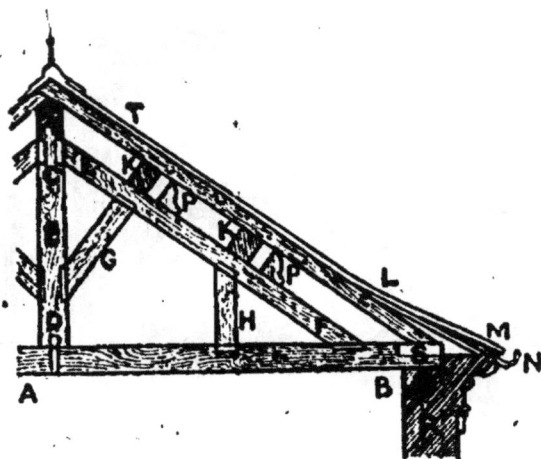

Fig. 332. — Différentes parties d'une charpente : forme simple.

AB, pièce maîtresse encastrée dans les murs; CD, poinçon; EF, arbalétriers; G, contrefiches; H, jambettes; K, poutres pannes, calées par les chantignoles K; L, coyaux; M, chanlattes; S, sablières, pièce à plat dans lesquelles les chevrons s'implantent; R, mur; N, gouttière; T, couverture.

Tous ces travaux sont formés de pièces réunies entre elles au moyen *d'assemblages* qui les relient solidement.

Le plus simple de ces assemblages est formé d'un *tenon-mortaise*. La *mortaise* est une entaille pratiquée dans l'une des pièces à assembler et reçoit l'extrémité préparée d'une autre pièce, en forme de *tenon*, de manière que les deux parties coïncident exactement.

Fig. 333. — Placage.

La plupart des travaux de charpente et de menuiserie se font avec des outils manœuvrés à la main ; il y a cependant des *machines à raboter*, à *mortaiser*, à *faire les moulures*, etc.

Les **ébénistes** font les meubles de luxe ; ils emploient à cet usage des bois rares, provenant de pays étrangers, et d'un prix élevé ; aussi le plus souvent, ils se contentent d'employer du bois commun sur lequel ils appliquent une plaque mince de bois précieux ; cette opération s'appelle le *placage* et demande une grande habileté pour être bien réussie.

Fig 334. — Un sculpteur sur bois.

Les **tourneurs** façonnent les pièces rondes, comme les pieds de tables et de chaises, les barreaux de rampes d'escaliers. Ils se servent d'un tour analogue au tour à pédale que nous avons décrit pour le fer.

Le **sculpteur** orne les meubles de prix de sculptures qu'il taille en plein bois.

Le **sabotier**, le **carrossier**, le **charron**, le **tonnelier** et bien d'autres ouvriers encore travaillent le bois et produisent des objets dont la fabrication forme autant d'industries diverses.

RÉSUMÉ

297. Le bois est fourni par les arbres de nos forêts ; on en distingue plusieurs espèces : les *bois durs* (chêne), les *bois tendres* (peuplier), les *bois résineux* (pin) et les *bois précieux* (acajou).

298. Les arbres sont *abattus*, de préférence en hiver ; le tronc, séparé des branches, est mis à sécher, puis *équarri* pour donner des poutres et des solives.

299. Le tronc est aussi *débité* en planches, à la main, par des scieurs de long, mécaniquement par des scies *parallèles*, *circulaires*, à *ruban*.

300. Le bois est mis en usage par un grand nombre d'ouvriers :

les *charpentiers* qui font les charpentes de nos maisons; les *menuisiers* qui font les *portes*, les *fenêtres*, les *planchers* et qui fabriquent aussi des meubles, ainsi que les *ébénistes ;* les *tourneurs* qui façonnent les pièces rondes; les *sculpteurs*, les *sabotiers*, les *charrons*, les *tonneliers* etc... qui exercent autant de métiers distincts.

DEVOIR. — *Quelles sont les différentes espèces de bois, et quels sont les ouvriers qui les emploient ?*

✳ ✳ ✳

61ᵉ LEÇON

POTERIES ET VERRERIES

301. Briques et tuiles. — Les briques et les tuiles employées dans la construction des maisons, sont fabriquées avec de l'argile (§ 76). L'argile a la propriété de donner avec l'eau une pâte liante qui devient très dure par la cuisson. On y ajoute un peu de sable pour l'empêcher de se fendiller par la chaleur.

Fig. 335. — Les briques sont fabriquées dans des moules, puis séchées au soleil.

L'argile employée est de l'argile grossière que l'on débarrasse seulement des pierres qu'elle contient; elle est souvent colorée en rouge par de l'oxyde de fer. Elle est triturée et pétrie avec de l'eau, puis abandonnée pendant quelque temps avant de s'en servir : elle subit une sorte de pourriture qui la rend plus homogène.

Les briques et les tuiles sont façonnées à la main dans des moules, ou fabriquées mécaniquement par des machines qui amènent la pâte, la pressent dans les moules et la démoulent.

Elles sont ensuite *séchées* à l'air libre sous des hangars ouverts, puis *cuites* dans des fours souvent construits avec les briques elle-mêmes.

302. Poteries. — On désigne sous le nom général de poteries, les objets fabriqués avec de l'argile, mais on en distingue plusieurs catégories : D'abord les **poteries communes,** comme les pots à fleurs, les terrines, et certains ustensiles, de cuisine : pots, marmites, casseroles en terre. Ces poteries subissent la cuisson à une température peu élevée, et la pâte reste *poreuse;* les vases qui doivent être rendus imperméables sont reconverts d'une couche de substance *vitrifiée* appelée *couverte.*

Fig. 336. — Four à cuire les briques.

Puis les **faïences** et les **grès** qui subissent une cuisson plus complète, mais dont la pâte reste également poreuse et opaque; ils sont toujours recouverts d'une couche vitrifiée ou *émail.*

Enfin, la **porcelaine** dont la pâte subit un commencement de fusion pendant la cuisson et forme une sorte de verre translucide.

303. Poteries communes. — Ces poteries sont fabriquées avec l'argile commune, à la main ou le plus souvent au tour. Le *tour du potier* se compose d'un axe vertical portant à la base une roue que l'ouvrier fait tourner, et, à la partie supérieure, un plateau horizontal sur lequel il met la pâte. Pendant la rotation, l'ouvrier façonne à la main le bloc de terre de manière à lui donner la forme convenable. Il s'aide d'outils qui servent à finir l'objet à fabriquer et à lui donner une forme plus régulière.

Fig. 337. — Tour de potier.

Les objets sont séchés à l'air, puis soumis à la cuisson dans un four.

Ceux qui doivent être rendus imperméables, sont trempés, avant la cuisson, dans une bouillie formée de sable et d'oxyde de plomb qui fond dans le four et donne une sorte de vernis.

304. Faïences. — Les faïences sont fabriquées avec de l'argile plus fine mélangée avec du sable, comme substance dégraissante.

La pâte, préparée avec plus de soin, par des pétrissages et des malaxages nombreux, est façonnée sur le tour, comme pour les poteries communes.

Une première cuisson a pour objet de durcir la pâte ; puis les objets sont trempés dans une bouillie formant la *couverte* qui fond et se vitrifie à une seconde cuisson.

Les *grès* sont vernis en projetant dans le four du sel marin humide, pendant la cuisson.

305. Porcelaines. — La porcelaine est fabriquée avec de l'argile pure, ou *kaolin* qu'on trouve, en France, aux environs de Limoges ; on ajoute un fondant, craie et sable, qui facilite la fusion pendant la cuisson.

Les objets sont fabriqués au tour, ou bien *moulés* en appliquant sur des moules des feuilles de pâte que l'on force à entrer dans les détails du moule au moyen d'une éponge humide, ou enfin coulés, sous forme de bouillie épaisse, dans des moules en plâtre qui absorbent l'eau en excès et donnent au démoulage un objet solide.

Une première cuisson, appelée *dégourdissage*, se fait dans la partie supérieure du four, pour sécher et

Fig. 338. — Fabrication des objets en porcelaine.

1. calibre employé pour la fabrication des assiettes ;
2, moulage à la croûte (en feuilles) ;
3, moulage au coulage ;
4, la *couverte*, bouillie claire formée d'un mélange de quartz et de feldspath qui sert à glacer les objets.

durcir les objets. Ces objets sont ensuite recouverts d'une glaçure transparente qu'une seconde cuisson vitrifie et fixe à la pâte.

La porcelaine est souvent *décorée* au moyen de couleurs qui sont appliquées de différentes façons sur la pâte, avant le vernissage, ou mélangées à la converte. Ces couleurs sont généralement des oxydes métalliques qui subissent un commencement de fusion pendant la cuisson et s'incorporent dans la pâte.

306. Verres. — Le verre est une substance *transparente*, employée pour garnir les fenêtres de nos maisons, qui se ramollit par la chaleur, prend toutes les formes qu'on veut lui donner, et sert à la fabrication d'un grand nombre d'objets.

Il est fabriqué avec du *sable* pur, ou silice, combiné soit avec de la *potasse et de la chaux*, comme dans le verre à vitres, ou avec de la *soude*, de *l'oxyde de fer* ou de *l'argile*, comme dans le verre à bouteilles, soit avec de la *potasse*, et du *plomb*, comme dans le cristal.

Fig. 339. — Fabrication du verre à vitres.

Ces substances broyées sont placées dans des creusets en terre, rangés dans des fours circulaires que l'on chauffe à une température élevée. La matière fond, les impuretés montent à la surface et sont enlevées.

307. Verres à vitres. — Par des ouverture nommées *ouvreaux* et pratiquées tout autour du four, l'ouvrier prend un peu de matière en fusion au bout d'une longue *canne* creuse en fer, dans laquelle il souffle et qu'il balance pour former un manchon cylindrique en verre. Ce cylindre fendu longitudinalement est porté dans un four où il se ramollit et s'étend sous forme de lame.

308. Bouteilles. — Les bouteilles sont fabriquées par *souf-*

Fig. 340. — Soufflage du verre à l'air comprimé.

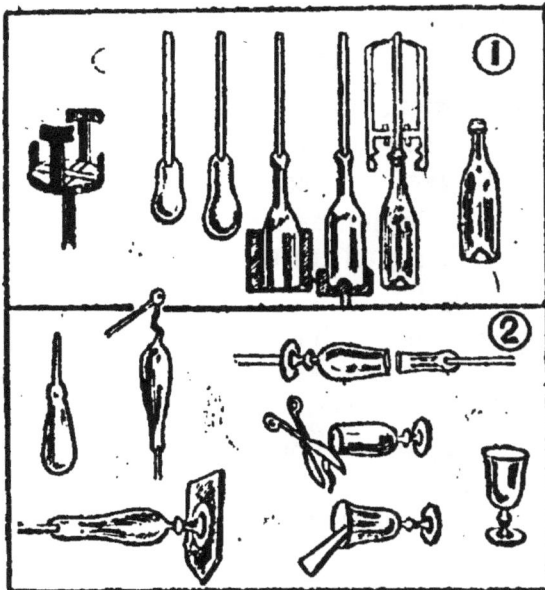

Fig. 341. — 1, différentes transformations d'une bouteille ; 2, différentes phases de la fabrication d'un verre à pied.

flage, soit à l'air libre, ou dans des moules creux qui donnent à la bouteille une forme exacte et un volume déterminé. Ce soufflage à la bouche, qui présente de graves dangers pour les ouvriers, est aujourd'hui remplacé par le *soufflage* à l'air comprimé.

Les objets de **gobeletterie,** *verres, carafes, coupes,* sont également soufflés : le pied et les anses sont ajoutés et collés pendant que le verre est mou, puis façonnés à l'aide d'outils divers.

309. Glaces. — Les glaces sont *coulées* sur une table en fonte parfaitement polie. La matière en fusion, amenée dans des creusets suspendus, est renversée au dessus de la table et laminée au moyen d'un rouleau en fonte qui en régularise l'épaisseur. Elles sont ensuite poussées dans un four pour être *recuites*. Un *polissage* des faces enlève les petites aspérités et augmente la transparence. Les glaces qui doivent servir de *miroirs* sont étamées. L'étamage se faisait autrefois en appliquant un amalgame d'étain et de mercure sur une des faces. On le remplace aujourd'hui par l'*argenture* qui donne de meilleurs résultats.

Les objets en verre sont *taillés*, au moyen de meules, et *décorés* de dessins que l'on grave en attaquant le verre au moyen d'un acide, l'*acide fluorhydrique*.

RÉSUMÉ

301. Les *briques* et les *tuiles* sont fabriquées avec de l'argile commune. Elles sont façonnées à l'aide de *moules*, puis *séchées* et *cuites* dans un four, à une température peu élevée.

302. Les poteries sont aussi fabriquées avec de l'argile ; elles se divisent en *poteries communes*, en *faïence* dont la pâte reste poreuse, et en *porcelaines* qui subissent une *fusion* et sont *vitrifiées*.

303. Les *poteries communes* sont façonnées sur le *tour à potier*. Elles sont séchées, puis cuites au four ; on les recouvre quelquefois d'un vernis pour les rendre imperméables.

304. Les *faïences* sont façonnées de la même manière, elles subissent une première cuisson, puis sont trempées dans une bouillie qui fond à une seconde cuisson et forme la *couverte*.

305. Les *porcelaines* sont *tournées*, *moulées* ou *coulées*, recouvertes d'une glaçure transparente et subissent deux cuissons, dont la dernière, à une température élevée, les transforme en substance semblable au verre et translucide.

306. Le verre est fabriqué avec du *sable* et une autre substance qui varie, suivant les différentes espèces de verre : *potasse*, *soude*, *chaux*, *oxyde de plomb*.

Le mélange de ces substances est *fondu* dans un four de verrier.

307. Le *verre à vitres* est soufflé sous forme de cylindre que l'on fend et que l'on étend en lames.

308. Les bouteilles et les verres sont également soufflés.

309. Les glaces sont *coulées, recuites* puis *polies* et *étamées*. Les objets en verre peuvent être *taillés* et *gravés*.

DEVOIR. — *Dites quelle est la composition du verre et décrivez la fabrication des différents objets en verre.*

⁂

62ᵉ LEÇON

VOYAGES ET TRANSPORTS

310. Différents moyens. — Les moyens que nous

Fig. 342. — Différents modes de transport :

| Une locomotive à grande vitesse ; | Un fourgon automobile ; |
| Un grand paquebot transatlantique ; | Le ballon dirigeable « la Patrie » |

avons de voyager et de transporter les marchandises sont nombreux et variés.

Sur terre, les plus anciens et les seuls employés, ayant la découverte de la vapeur, étaient les voitures traînées par des animaux.

La découverte de la vapeur amena les *voitures à vapeur*, sur route d'abord, qui ne réussirent pas, puis sur des voies garnies de rails qui facilitaient le roulement, d'où le nom de **chemins de fer** donné à ces voitures.

Les transports sur route, par des machines produisant elles-mêmes le mouvement, ont reçu un nouveau développement par les perfectionnements apportés dans ces dernières années aux **automobiles**.

Par eau, les transports s'effectuent au moyen de *bateaux à voiles* et de **bateaux à vapeur**.

Il n'est pas jusqu'à la question de la *locomotion aérienne*, qui ne soit près d'être résolue au moyen des **ballons dirigeables**.

311. Chemins de fer. — Le mot *chemin de fer*, qui désignait à l'origine la voie garnie de rails, a fini par s'appliquer aux véhicules eux-mêmes qui circulent sur ces rails.

Fig. 343. — Une station du chemin de fer souterrain, à Paris.

Un *train* de chemin de fer se compose d'une *locomotive* qui produit le mouvement, et d'une suite de voitures disposées pour les voyageurs ou pour les marchandises.

La force élastique de la vapeur d'eau (v. 70e Leçon) met en mouvement les pistons de deux cylindres placés de chaque côté de la locomotive, la tige de ces pistons, articulée à une *bielle*, fait tourner les roues de la machine.

La force élastique de la vapeur est quelquefois remplacée par l'*électricité* ce sont des voitures dites *automotrices* qui traînent les wagons du chemin de fer souterrain, le *Métropolitain* à Paris.

Fig. 344. — Train et signaux.

A droite, appareil muni de bras mobiles dont la position indique si la voie est libre ou fermée. Dans ce dessin, le signal indique que la voie est ouverte.

Les roues de la locomotive et celles des wagons sont munies sur le pourtour et à l'intérieur d'un bourrelet qui empêche les voitures de quitter les rails.

Ces rails en *acier* sont fixés solidement, bout à bout, sur des traverses en bois ; ils offrent une bien moins grande résistance au roulement. Ainsi une seule machine peut traîner des charges considérables (trains de marchandises) ou une suite de voitures à une vitesse qui peut atteindre 100 à 120 kilomètres à l'heure (trains de voyageurs).

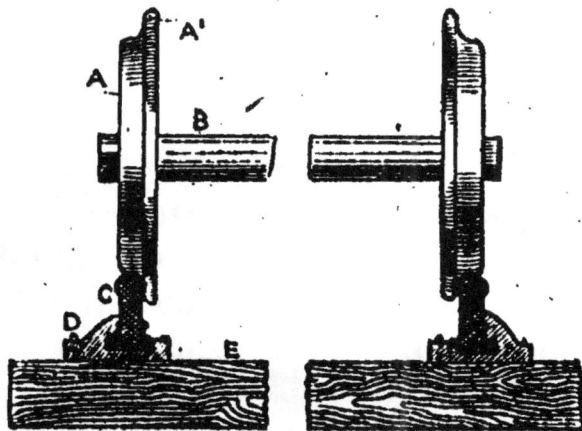

Fig. 345. — Rail et roue de wagon (coupe).
A, roue ; A', gorge de la roue ; B, essieu ; C, rail ;
D, support ; E, traverse en bois.

Les dangers que présente une telle vitesse sont écartés par une série de mesures de précaution. Des *signaux* sont placés à l'approche des gares pour indiquer si la voie est libre ; ces signaux sont remplacés la nuit par des *feux* colorés : un signal ou un feu *rouges* indiquent un arrêt absolu du train ; un signal ou un feu *verts* indiquent que la vitesse doit être ralentie ; les feux blancs indiquent que la voie est libre.

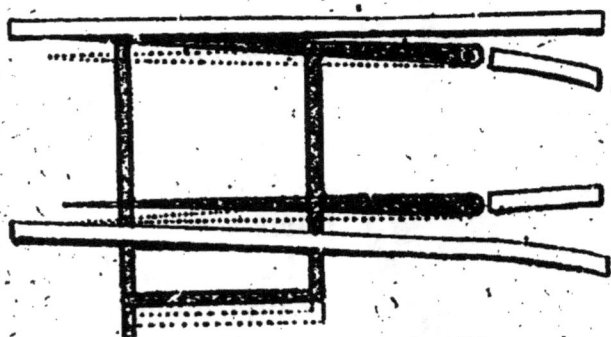

Fig. 346. — Une aiguille.

Les lignes pointillées indiquent le déplacement de l'aiguille pour le changement de direction.

Les voitures sont munies de *freins* puissants, à air comprimé, qui permettent d'arrêter rapidement un train en marche.

Les changements de voie, aux croisements ou aux bifurcations, sont effectués au moyen d'une *aiguille*, sorte de levier qui éloigne ou rapproche les rails que le train doit quitter ou prendre.

312. Bateaux à vapeur. — Les bateaux à voiles sont peu à peu remplacés par les bateaux à vapeur dont la marche est plus rapide et surtout plus régulière.

Fig. 347. — Hélice et gouvernail d'un bateau à vapeur.

H, hélice.
G, gouvernail.

Les anciens bateaux à vapeur étaient munis de *roues à palettes* qui, en tournant, frappaient l'eau et faisaient avancer le bateau. On les a remplacées par des **hélices**, sorte de moulin à quatre branches légèrement obliques. Dans leur mouvement rapide de rotation, ces hélices progres-

sent dans l'eau, à la façon d'un tire-bouchon dans le liège,
et font avancer le bateau.

Fig. 348. — Sous-marin naviguant à la surface.

La puissance développée par les machines installées

Fig. 349. — Coupe d'un sous-marin en plongée.

A, Kiosque du commandant; E, périscope; B et C, compartiments pour la plongée; G, accumulateurs électriques; D, dynamo actionnée par les accumulateurs; F, manœuvres de la torpille; H, torpille; P, trous d'hommes; OR, tubes d'aspiration et de dégagement des gaz; S, compartiment de la barre; I, gouvernail; K, hélice.

sur ces bateaux est considérable. Les grands *paquebots*,

qui font le service d'Europe en Amérique, ont une force qui leur permet d'atteindre des vitesses de 40 à 50 kilomètres à l'heure, malgré leur masse énorme, et de faire la traversée du Havre à New-York en cinq jours et quelques heures : il est vrai qu'ils brûlent 400 tonnes de charbon (le chargement d'un train de 50 wagons) par jour.

Les bateaux sous-marins que l'on construit depuis quelques années, pour accroître notre force maritime, peuvent s'enfoncer et naviguer sous l'eau, au moyen de moteurs *électriques*.

313. Automobiles. — L'automobile est une machine qui, par ses propres moyens, peut produire le mouvement et se déplacer. La locomotive, à ce point de vue, est une automobile, mais on réserve ce nom aux voitures sur route.

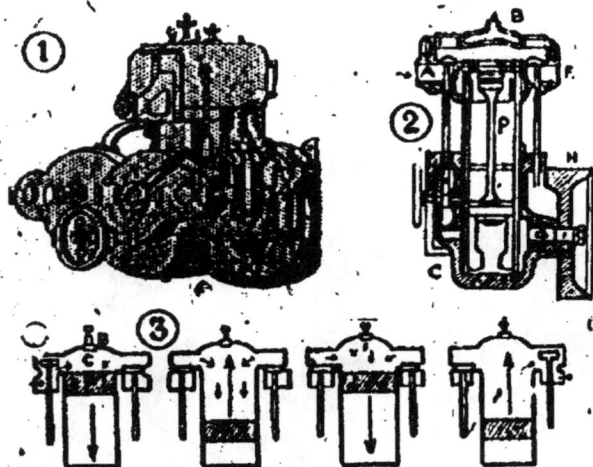

Fig. 350. — Un moteur.

1, Vue extérieure ; 2, coupe ; C, cylindre en fonte ; P, piston ; G, arbre moteur ; H, volant ; A, admission ; E, échappement ; B, bougie électrique servant à produire l'étincelle qui allume les gaz ; 3, les 4 temps du moteur : aspiration, compression, explosion, échappement.

L'automobile est pourvue d'un *moteur*, généralement à pétrole, à alcool, ou électrique. La vapeur exige des appareils trop pesants pour pouvoir être utilisée avantageusement. C'est, dans les moteurs à pétrole, la force développée par un *mélange explosif* d'air et de pétrole qui produit le mouvement du piston communiqué aux roues ; c'est, dans le moteur électrique, le courant produit par une source d'électricité emmagasinée dans des appareils *accumula-*

teurs qui fait tourner une machine appelée *dynamo* reliée aux roues de la voiture.

314. Ballons dirigeables. — Ces mêmes moteurs, qui sont très légers, ont été adaptés aux appareils *locomoteurs* et *directeurs* des ballons dirigeables.

RÉSUMÉ

310. Les moyens de transport sont nombreux et variés : sur terre, les *chemins de fer*, les *tramways*, les *automobiles* qui tendent à remplacer les anciennes voitures traînées par des chevaux ; sur eau, les *bateaux à voiles* et les *bateaux à vapeur*; la *navigation aérienne* tend elle-même à se développer au moyen des ballons dirigeables.

311. Les *chemins de fer* utilisent la *force élastique de la vapeur*. La locomotive et les wagons roulent sur des *rails* en acier qui diminuent la résistance. Des *signaux*, des *freins* puissants ont été inventés pour éviter les accidents.

312. Les *bateaux à vapeur* remplacent peu à peu les bateaux à voiles; ils sont pourvus d'une *hélice* qui produit le mouvement en avant.

Les bateaux *sous-marins* peuvent s'enfoncer et naviguer sous l'eau au moyen de moteurs électriques.

313. Les *automobiles* sont des voitures pourvues d'un moteur à pétrole, à alcool ou électrique qui produit le mouvement.

314. Les mêmes moteurs sont appliqués aux *ballons dirigeables*.

DEVOIR. — *Quels sont les différents moyens de transports utilisés par l'homme? décrivez-les.*

✳ ✳ ✳

63ᵉ LEÇON

FABRICATION DU PAPIER ET DES PLUMES MÉTALLIQUES

315. Matières premières. — Le papier est fabriqué avec de vieux chiffons de lin, de chanvre ou de coton, avec de la paille ou du bois. La matière première qui se trouve dans ces différentes substances *d'origine végétale* est la cellulose.

La fabrication du papier comprend deux parties : la *préparation* de la pâte et la *fabrication* proprement dite.

316. Préparation de la pâte. — 1° Pâte de chiffons.
— Les chiffons sont triés suivant leur qualité et leur couleur, puis soumis au *délissage*, c'est-à-dire débarrassés des boutons, crochets, boucles, coutures, ourlets, etc.

Fig. 351. — Une machine effilocheuse.

Ils sont ensuite lavés et nettoyés dans une lessive de soude.

Puis ils sont réduits en pâte dans une machine appelée *effilocheuse*. Cette machine se compose d'une cuve dont le fond est muni de lames tranchantes, dans laquelle tourne un cylindre armé de lames semblables. Les chiffons introduits avec de l'eau sont déchirés, effilochés. La pâte obtenue est colorée; on la blanchit au moyen du chlore gazeux ou d'une dissolution de chlorure de chaux.

2° Pâte de paille et de bois. — La paille de blé, de seigle et d'avoine qui est employée est coupée par longueurs de 5 à 6 centimètres, puis lessivée et broyée sous des meules.

Les bois tendres employés, comme le tilleul, le peuplier, le tremble, le sapin, sont déchiquetés, et broyés par des machines spéciales qui les réduisent en bouillie.

Cette pâte est soumise au blanchiment, comme la pâte de chiffons.

317. Fabrication. — Le principe de cette fabrication est le suivant : la pâte étendue sur un tamis métallique s'égoutte et les fibres entrecroisées de la cellulose donnent une feuille que l'on fait passer sur des cylindres garnis de feutre et chauffés qui absorbent peu à peu son humidité.

1° Fabrication à la main. — L'opération peut se faire à la main, mais elle n'a lieu que pour le papier de luxe, certains papiers à dessin, ou le papier qui sert aux actes timbrés. Dans ce cas, la pâte est placée sur une *forme* ou cadre, munie d'un treillis fin, auquel on imprime des secousses rapides pour égaliser l'épaisseur et égoutter la pâte. Les feuilles sont ensuite placées entre des plaques de feutre, puis sous une presse et enfin séchées à l'air.

2° Fabrication mécanique. — La pâte préparée et cons-

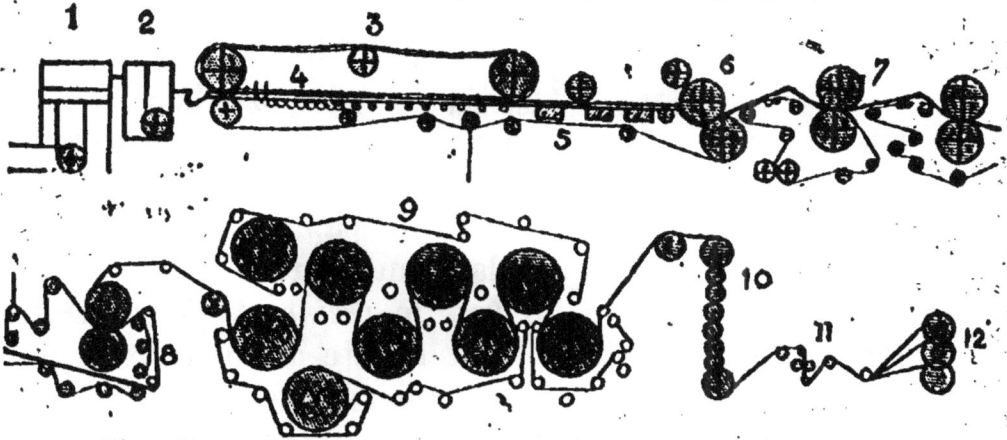

Fig. 352. — Schéma d'une machine à fabriquer le papier.

1, épurateur ; 2, bac avec agitateur où arrive la pâte ; 3 et 4, courroies et toiles métalliques sans fin ; 5, caisses aspiratrices ; 6, 7, 8, presses ; 9, séchoir ; 10, cylindres et rouleaux de fonte ; 11, couteaux circulaires ; 12, envidoirs où s'enroule le papier.

tamment remuée par des agitateurs est versée sur une toile métallique *sans fin*, animée de secousses transversales et d'un mouvement de translation qui amène la couche de pâte égouttée et régularisée entre des rouleaux compresseurs garnis de feutre. L'eau est exprimée, et la feuille formée s'enroule autour d'une série de cylindres creux en fonte, chauffés intérieurement, qui achèvent de la sécher. Pressée de nouveau entre des cylindres qui lissent sa surface, elle vient s'enrouler sur des rouleaux en bois que l'on enlève et que l'on remplace quand ils sont garnis.

Fig. 353. — Machine servant à la fabrication mécanique du papier.

318. Encollage. — La pâte du papier ainsi fabriqué, est poreuse et absorberait l'encre, comme du papier buvard. Pour éviter cet inconvénient, on *colle* le papier soit en trempant les feuilles de papier dans un bain de colle d'*amidon* auquel on ajoute un peu de *résine* et d'*alun*, soit plutôt en ajoutant cette colle à la pâte au moment de la préparation. Dans ce cas, le papier collé dans toute sa masse ne boit plus, même après un grattage de la surface.

319. Diverses espèces de papiers. — Il y a de nombreuses variétés de papiers dont le mode de fabrication est à peu près le même, mais qui diffèrent par la nature des matériaux employés et par la préparation de la pâte.

Le *papier à écrire* est fait avec des pâtes de chiffons et de bois mélangées ; la surface brillante et satinée est obtenue en faisant passer les feuilles humides sous une presse qui les comprime fortement.

Le *papier à dessin* est fait à la forme avec de la pâte de chiffons.

Le *papier bulle* est un mélange de pâte de chiffons et de pâte de bois ; il est satiné pour écrire.

Le *papier buvard* n'est pas collé et n'a subi qu'un léger laminage.

Le *papier à calquer* est fabriqué avec de la filasse de lin ou de chanvre.

Le *papier d'emballage* est fait avec des pâtes de paille et de bois non blanchies.

Les *papiers de tenture* qui servent à la fabrication des *papiers peints* employés à tapisser nos appartements, sont faits généralement avec des pâtes de bois. L'impression de ces papiers est obtenue par des procédés analogues à ceux que nous avons décrits pour l'impression des tissus.

Enfin, le **carton** est fabriqué avec de vieux papiers ; on ajoute à la pâte un peu de plâtre et de colle, et on la coule dans des moules ; elle est ensuite soumise à des presses qui chassent l'eau.

FABRICATION DES PLUMES MÉTALLIQUES

320. — Les plumes à écrire sont en *acier*. Cet acier fabriqué en Angleterre nous arrive en lames minces que l'on fait *recuire* et qu'on *lamine* à l'épaisseur voulue pour pouvoir subir les nombreuses opérations auxquelles donne lieu la fabrication des plumes.

Presque toutes ces opérations s'effectuent à l'aide d'une presse à vis qui s'abaisse sur un support qui porte la plume ;

Le *découpage* dans la plaque d'acier suivant les contours de la plume ;

Le *perçage* pour pratiquer les parties évidées destinées à lui donner de l'élasticité ;

Le *formage* qui lui donne la forme demi cylindrique, de plate qu'elle était ;

La *trempe* qui consiste à la chauffer au rouge cerise et à la refroidir dans un bain d'huile pour la rendre dure et élastique ;

L'*aiguisage* du bec en long et en travers sur une meule verticale ;

Le *refendage* du bec, enfin le *vernissage* qui lui donne le dernier fini.

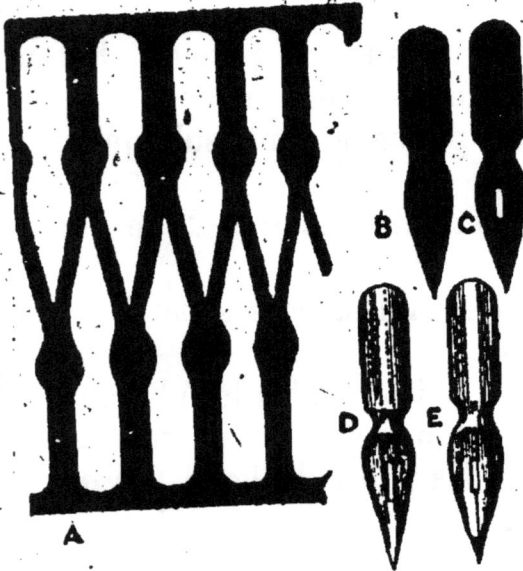

Fig. 354. — Différentes phases de la fabrication d'une plume.

A, découpage des flancs à l'emporte pièce ; B, plume obtenue; C, perçage; D, formage et trempe ; E, aiguisage et refendage.

Cette industrie est surtout concentrée à Boulogne-sur-Mer.

RÉSUMÉ

315. Le papier est fabriqué avec de vieux chiffons d'*origine végétale* (lin, coton, chanvre), ou avec de la paille, du bois.

316. Les chiffons, lavés, nettoyés et débarrassés des corps étrangers, sont broyés et réduits en bouillie dans une machine nommée *effilocheuse*. La pâte est ensuite décolorée par le chlore.

Les pâtes de bois et de paille subissent la même préparation.

317. La *fabrication* se fait à la main, sur des *formes*, pour le papier de luxe, mécaniquement sur des machines qui prennent la pâte à une extrémité et la transforment en un rouleau de papier, au bout de quelques minutes.

318. Le papier doit être *collé* pour l'empêcher de boire l'encre. Cette opération se fait en plongeant le papier dans un bain de colle d'amidon, ou mieux en mélangeant cette colle à la pâte.

319. Il y a un grand nombre de variétés de papiers, fabriqués de la même façon, mais qui diffèrent par la nature et la préparation de la pâte.

320. Les *plumes métalliques* sont découpées dans des lames minces d'acier. Elles subissent successivement le *perçage*, le *formage*, la *trempe*, l'*aiguisage* et le *refendage*.

DEVOIR. — *Décrivez la fabrication du papier.*

✳ ✳ ✳

64ᵉ LEÇON

IMPRIMERIE. — GRAVURE

321. Imprimerie. — L'imprimerie a pour but de reproduire un texte écrit à l'aide de *caractères mobiles*. Sa découverte, vers 1440, par Gutenberg, amena un progrès considérable dans la civilisation. Elle permet, en effet, d'obtenir un nombre aussi grand que l'on voudra, d'exemplaires d'ouvrages que l'on n'aurait pu se procurer autrefois qu'à des prix très élevés.

322. Caractères d'imprimerie. — Ces caractères sont formés d'un alliage fusible de plomb, d'antimoine et d'étain. Ils ont la forme de prismes quadrangulaires et portent, *en relief*, l'une des lettres de l'alphabet, un chiffre ou l'un des signes, accents, parenthèses, virgules etc., dont on se sert pour écrire.

L'imprimerie comprend plusieurs opérations que nous allons décrire :

323. Composition. — L'ouvrier qui a le texte à imprimer devant lui, tient de la main gauche un instrument appelé *compositeur*; c'est une règle plate, munie d'un rebord sur toute la longueur, et, à l'une de ses extrémités, d'un talon *fixe*; le long de la règle glisse un talon mobile qui peut être fixé à l'aide d'une vis. De la main droite, il choisit dans une boîte à compartiments nommée *casse,* où elles sont classées par ordre, les lettres des mots qu'il veut composer et les range sur le composteur; chaque mot est séparé du mot suivant par un prisme ou *espace* moins haut que les caractères. La ligne terminée, de la longueur voulue, est maintenue au

Fig. 355. — Un compositeur place les lettres dans le composteur.

moyen du talon mobile; une seconde ligne est composée de la même manière, séparée de la première par une petite réglette qui forme l'*interligne.*

Lorsque le composteur est plein, ces lignes sont rangées sur une planchette à rebords nommée *galée.*

324. Mise en pages. —
La mise en pages consiste à prendre les lignes composées et à en former des pages de dimensions déterminées.

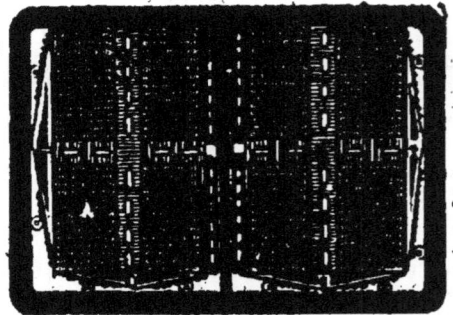

Fig. 356.
Une forme et ses coins.

Puis ces pages sont rangées les unes à côté des autres, dans un châssis en fer ou *forme,* dans un ordre convenable, afin de pouvoir imprimer d'un seul coup la feuille de papier qui sera ensuite pliée en plusieurs feuillets : les expressions in-folio, in-4, in-8, in-12, indiquent le nombre de feuillets imprimés qui se trouvent dans une seule feuille.

Les marges de chaque page sont réservées au moyen de *garnitures,* et les pages sont maintenues avec des règles et des coins placés à l'intérieur de la forme.

Cet arrangement de la forme s'appelle l'*imposition.*

325. Tirage. — Le tirage se fait à l'aide de *presses à bras* ou de *presses mécaniques.* Les premières ne s'emploient que pour des travaux peu importants, ou encore pour le tirage de la première épreuve qui doit être revue et corrigée avant le tirage définitif.

Dans l'un comme dans l'autre cas, le principe est le même : la *forme* est placée sur une table en fonte, puis recouverte d'encre grasse d'imprime-

Fig. 357. — Machine à imprimer à deux cylindres.

rie au moyen d'un rouleau. En y appliquant une feuille de papier et en comprimant au moyen d'une presse, les caractères s'impriment sur la feuille. Les précautions nécessaires sont prises pour protéger les marges et placer les pages du recto et du verso, en face les unes des autres.

Ces différentes opérations se font mécaniquement dans les presses mécaniques qui peuvent donner en une heure plus d'épreuves que la presse à bras dans un jour.

L'impression des journaux se fait au moyen de *presses rotatives* qui impriment les deux côtés à la fois et peuvent donner plus de 20.000 exemplaires à l'heure.

326. Clichage. — Souvent on remplace les caractères d'imprimerie par un **cliché** que l'on obtient en *moulant,* sur la forme, de la pâte de papier ou du plâtre, et en coulant dans ce moule un métal fusible qui prend la forme des caractères et les remplace pour la réimpression.

Gravure.

327. Différentes sortes de gravures. — La gravure se rattache à l'imprimerie, car c'est à l'aide de la gravure que sont reproduits les dessins ou les images qui illustrent les livres.

Il y a plusieurs procédés de gravure qui peuvent se ramener à deux : la *gravure en creux* et la *gravure en relief,* selon que les traits du dessin sont creusés dans la plaque ou en saillie.

La gravure en creux se fait sur une plaque de cuivre, soit au *burin,* c'est la gravure en taille douce, soit à l'*eau forte.* Cette dernière se pratique aussi sur le zinc. Elle consiste à enduire la plaque de métal d'un corps gras, puis à tracer le dessin avec une pointe qui enlève le corps gras. En versant un acide, le métal est attaqué et creusé aux seuls endroits mis à nu par la pointe et suivant les traits du dessin.

La gravure en relief se fait sur du bois dur, généralement du buis ; sur le bois dressé, le dessin est tracé, et le graveur creuse en réservant les lignes tracées qui restent en relief.

Dans les deux cas, en passant un rouleau chargé d'encre, l'encre reste attachée dans les creux ou sur les saillies du dessin qui se trouve reproduit sur la feuille de papier qu'on applique. Pour l'impression, on remplace le bois qui s'userait trop vite par un *cliché métallique*.

La *lithographie* est un procédé pour l'impression de gravures ou de dessins à l'aide d'une pierre calcaire qui peut prendre un beau poli ; le dessin est tracé à l'en-

Fig. 358. — Machine lithographique.

vers, avec de l'encre grasse qui s'attache à la pierre ; en appliquant une feuille sur cette pierre, le dessin se trouve reproduit.

La *photogravure* est un procédé récent avec lequel on obtient économiquement de bons clichés métalliques.

RÉSUMÉ

321. L'imprimerie a pour but de reproduire un texte écrit à l'aide de *caractères mobiles* et permet d'obtenir un grand nombre d'exemplaires d'un même ouvrage.

322. Les caractères d'imprimerie sont formés d'un prisme en alliage fusible qui porte en relief, sur une extrémité, une lettre, un chiffre ou un signe.

323. La composition consiste à ranger sur un *composteur* les lettres dans l'ordre voulu pour former les mots du texte à imprimer.

324. Les lignes ainsi formées sont ensuite rangées en *pages* et les *pages* sont placées, en nombre variable, suivant le format, dans un cadre en fer ou *forme* pour être portées à l'*impression*.

325. L'impression se fait en passant un rouleau chargé d'*encre grasse* sur les caractères et en plaçant une feuille que l'on comprime avec la presse à bras, ou une presse mécanique.

326. Les caractères sont souvent remplacés par un moulage ou *cliché* que l'on obtient en moulant, sur la forme, de la pâte de papier ou du plâtre, et en coulant dans ce moule en creux un alliage fusible.

327. La gravure qui sert à illustrer les livres s'obtient en creux ou en relief, soit au moyen du *burin*, soit à l'*eau forte* (acide azotique). Les traits du dessin garnis d'encre se reproduisent sur la feuille qu'on y applique.

DEVOIR. — *Indiquez les diverses opérations effectuées pour imprimer.*

LE ROGNAGE DES VOLUMES AU MASSICOT

Quand les volumes sont pliés, assemblés et cousus, ils sont portés à la rognure sous des *massicots* automatiques, qui égalisent d'abord les têtes des livres, puis les queues, et enfin les devants ou gouttières.

CINQUIÈME PARTIE

Notions complémentaires de Physique

65ᵉ LEÇON

LA PESANTEUR. — ÉQUILIBRE ET POIDS DES CORPS

328. Tous les corps tombent. — Si nous abandonnons une bille tenue à la main, elle **tombe**. La direc-

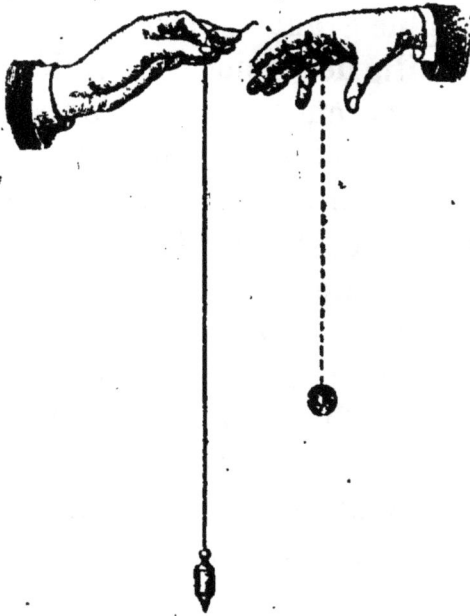

Fig. 359. — Un corps qui tombe suit la direction du fil à plomb.

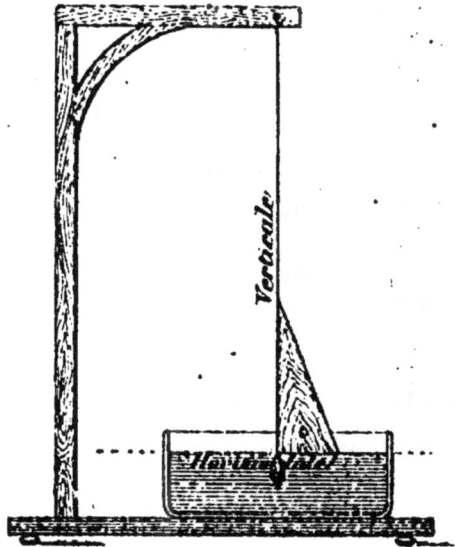

Fig. 360. — Le fil à plomb détermine la verticale.

tion qu'elle suit en tombant est celle du *fil à plomb*; c'est une ligne **verticale** perpendiculaire à la ligne **hori-**

zontale que détermine la surface de l'eau dormante. La verticale prolongée passerait par le centre de la terre.

329. La pesanteur. — Cette force qui attire tous les corps vers le centre de la terre s'appelle la **pesanteur**.

Tous les corps sont pesants : cependant si nous laissons tomber en même temps une bille et une feuille de papier, la bille aura plus vite touché le sol que la feuille de papier ; la feuille de papier roulée en boule tomberait presque aussi vite que la bille. Cette différence provient de la résistance de l'air qui s'exerce sur une plus grande surface quand la feuille de papier est dépliée. On peut encore faire l'expérience suivante : découpons une rondelle de papier d'un diamètre un peu inférieur à une pièce de monnaie ; les deux objets, abandonnés en même temps, mais tombant séparément, arriveront l'un après l'autre à toucher le sol ; mais si l'on place la feuille de papier au-dessus de la pièce, toutes les deux arriveront presque en même temps, parce que cette dernière ouvre un passage à l'autre, à travers l'air.

Fig. 361. — Tous les corps ne tombent pas également vite dans l'air.

(*1*, pièce de monnaie ; *3*, papier ; *2*, les deux objets réunis arrivent en même temps.)

Dans le vide, tous les corps tomberaient également vite.

330. Équilibre des corps. — Si un corps est soutenu par une *force* égale ou supérieure à l'action de la pesanteur, comme la résistance d'un autre corps qui le supporte ou d'un fil auquel il est suspendu, le corps ne tombe pas, il est en *repos*, c'est-à-dire en **équilibre**. Mais il exerce une pression sur le corps qui le supporte ; *cette pression est le* **poids** *du corps.*

331. Poids d'un corps, densité. — Elle n'est pas la même pour tous les corps, comme on peut s'en apercevoir par l'effort qu'il faut faire pour soutenir un morceau de fer et un morceau de liège de la même grosseur. Le poids varie suivant le *volume* du corps et suivant sa *nature*. Il est évident qu'un décimètre cube d'un corps pèse deux fois moins que deux décimètres cubes du même corps. D'autre part, *à volumes égaux*, deux corps différents ont des poids différents ; un décimètre cube de fer pèse plus qu'un décimètre cube de bois.

On dit que ces corps n'ont pas la même **densité** : le fer est plus *dense* que le bois. *La densité d'un corps est le rapport du poids*

Fig. 362. — Dans le vide les corps tombent également vite.

d'un certain volume de ce corps au poids du même volume d'eau. En désignant par 1 la densité de l'eau, dont le décimètre cube pèse 1 kilogramme, le fer, dont le décimètre cube pèse 7^{kg},8 aura pour densité 7, 8.

RÉSUMÉ

328. Tous les corps *tombent* en suivant la direction d'une ligne *verticale.*

329. La force qui attire les corps vers le centre de la terre est la *pesanteur :* elle agit sur tous les corps ; c'est la résistance de l'air qui empêche tous les corps de tomber également vite.

330. La pression qu'exerce un corps sur un autre qui le supporte et l'empêche de tomber est le *poids* du corps. On peut mesurer ce poids au moyen de la *balance.*

331. Des volumes égaux de deux corps différents n'ont pas le même poids.

332. On appelle *densité* le rapport du poids d'un corps au poids du même volume d'eau.

DEVOIR. — *Quelle est l'action de la pesanteur sur le corps ? Qu'appelle-t-on poids d'un corps? Qu'est-ce que la densité ?*

✳ ✳ ✳

66° LEÇON

LES LEVIERS. — LA BALANCE

332. Mesure du poids d'un corps. — On mesure le poids d'un corps au moyen de la balance qui est une sorte de **levier.**

333. Leviers. — Quand on veut soulever une pierre très lourde, on emploie le levier. C'est une barre rigide, en bois ou en fer, dont on introduit l'extrémité sous le corps à soulever. En plaçant sous cette barre, le plus près possible de cette extrémité, un corps très résistant pour servir de **point d'appui** et en pesant à l'autre bout, on déplacera la pierre avec un effort relativement peu considérable.

On peut remarquer que l'effort sera d'autant moins grand que le bras de levier où s'exerce la **puissance** sera plus long.

334. Il y a plusieurs genres de leviers. — Dans le levier que nous venons de prendre comme exemple,

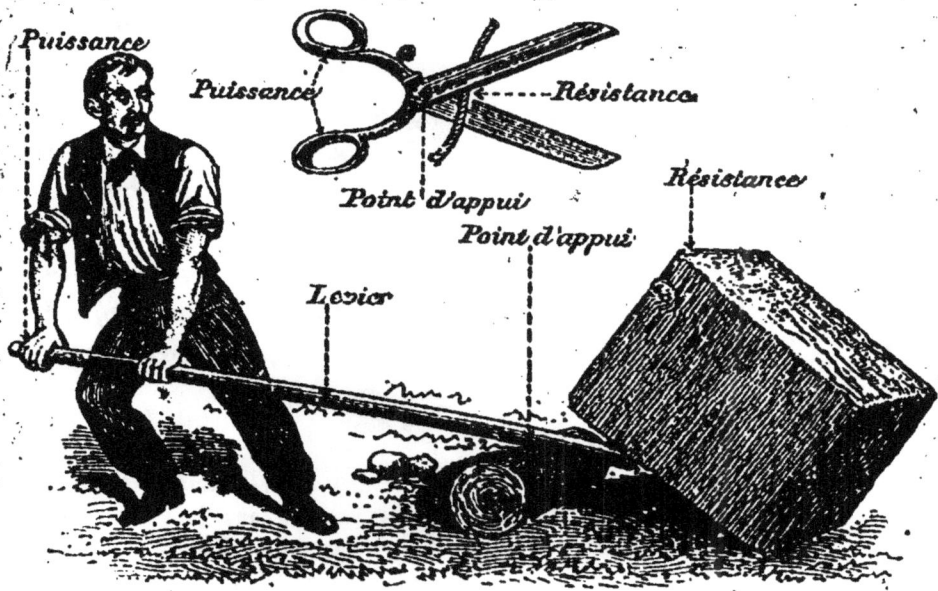

Fig. 363. — Leviers du premier genre (*ciseaux*).

le point d'appui est au milieu, la puissance et la résistance sont aux deux extrémités. Une paire de ciseaux, de tenailles sont des leviers du même genre.

Dans la bronette, le casse-noisette, *la résistance est entre le point d'appui et la puissance.*

Les pincettes, la manivelle qui fait tourner la meule du rémouleur nous

Fig. 364. — Levier du second genre (*brouette*).

donnent des exemples de leviers d'un troisième genre dans

lesquels *la puissance est au milieu*. Le même principe s'applique à tous ces leviers : *plus le bras de levier de la puissance (bras de la bronette) est grand par rapport au bras de levier de la résistance, moins l'effort à exercer est considérable.*

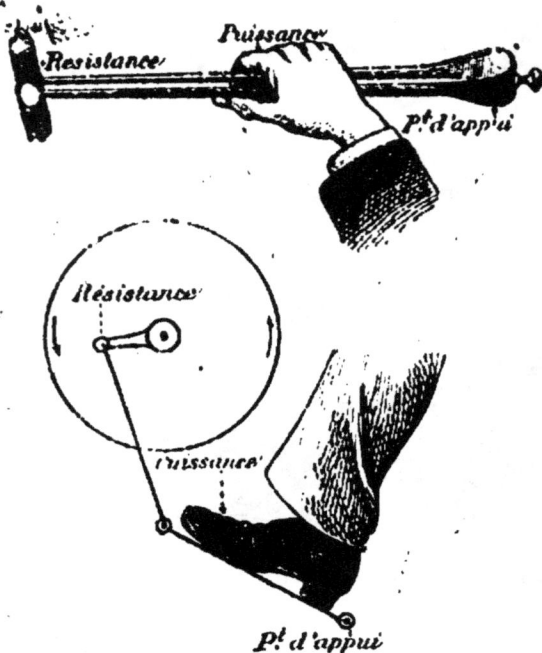

Fig. 365. — Leviers du troisième genre (*pincettes, manivelle*).

335. La balance est un levier. — Supposons une barre de fer rigide, suspendue en son milieu ; les deux parties de même longueur et de même poids se feront **équilibre** et la barre restera **horizontale**.

Si l'on suspend un corps à l'une de ses extrémités, l'équilibre sera rompu, mais on pourra le rétablir en plaçant à l'autre extrémité un corps *de même poids*. En remplaçant ce corps par des poids connus, ces poids représenteront la valeur exacte du poids du premier corps.

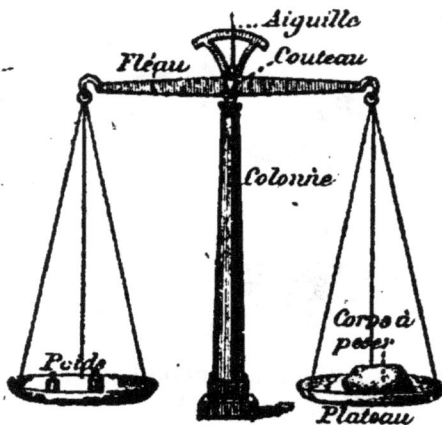

Fig. 366. — Balance ordinaire.

Dans la balance ordinaire, la barre de fer appelée **fléau** repose en son milieu sur une colonne par deux arêtes aiguës (couteau). A chaque extrémité sont suspendus des plateaux qui servent à placer les poids et le corps à peser ; une aiguille indique la position du fléau.

Dans la balance Roberval, les plateaux sont placés au-dessus du fléau ; cette disposition facilite le passage des objets volumineux.

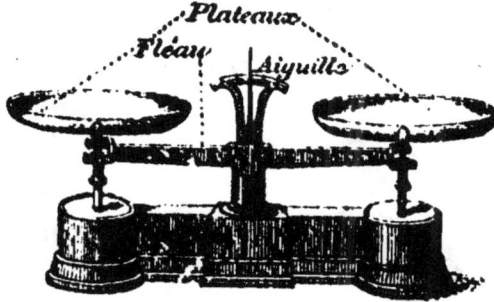

Fig. 367. — Balance de Roberval.

336. Qualités d'une balance. — Une balance doit être *juste* et *sensible*. Elle est juste quand, après avoir changé de plateaux les poids et le corps à peser, *l'équilibre subsiste ;* elle est sensible, lorsque *l'équilibre est détruit* par l'addition d'un *faible* poids à l'un ou à l'autre plateau.

RÉSUMÉ

333. Un *levier* est un instrument qui permet avec un *effort relativement faible* de vaincre une *grande résistance*.

334. Le levier a besoin d'un *point d'appui* pour agir ; la *puissance* est l'effort à exercer pour vaincre la résistance.

Il y a plusieurs genres de leviers : dans tous, l'effort à exercer (puissance) est en raison inverse de la longueur du bras de levier de la puissance.

335. La balance est un levier : le fléau reste en *équilibre (horizontal)* quand les poids appliqués à ses deux extrémités sont *égaux*.

336. Une balance doit être *juste* et *sensible*.

✳ ✳ ✳

67° LEÇON

ÉQUILIBRE DES LIQUIDES. — VASES COMMUNICANTS

337. Niveau des liquides. — La surface d'un liquide en repos est **horizontale**; la ligne qu'elle détermine forme, comme nous l'avons vu, un angle droit avec la verticale.

Fig. 368. — La surface d'un liquide en repos est horizontale.

338. Vases communicants. — Quand on fait communiquer entre eux plusieurs vases contenant un liquide, le niveau du liquide dans chaque vase est sur une même ligne horizontale.

Au moyen d'un tube en caoutchouc, faisons communiquer un entonnoir rempli d'eau avec un tube en verre, nous verrons presque immédiatement l'eau arriver dans le tube et s'établir au même niveau dans les deux vases. Si nous amenons l'extrémité supérieure du tube au-dessous du niveau de l'eau dans l'entonnoir, l'eau jaillira par cette extrémité et formera un *jet d'eau*.

339. Applications. — Le *niveau d'eau* dont on se sert pour déterminer la ligne horizontale et établir la différence de niveau de deux points donnés est une appli-

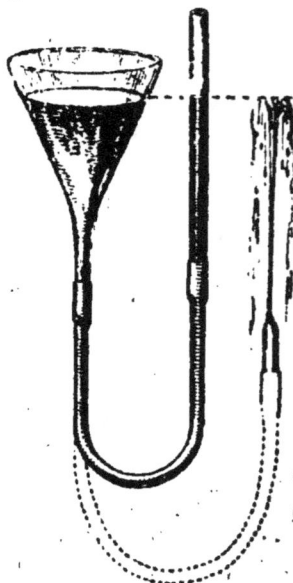

Fig. 369. — L'eau tend à se mettre au même niveau dans les deux vases.

cation du principe des vases communicants. Il se compose de deux fioles en verre reliées entre elles par un tube creux. Quand on y verse de l'eau, le niveau du liquide dans les deux fioles est sur une même ligne horizontale.

La distribution de l'eau dans les villes est encore une application du même principe. Toutes les bornes-fontaines et tous les robinets desservant les maisons *communiquent* par des conduites avec un réser-

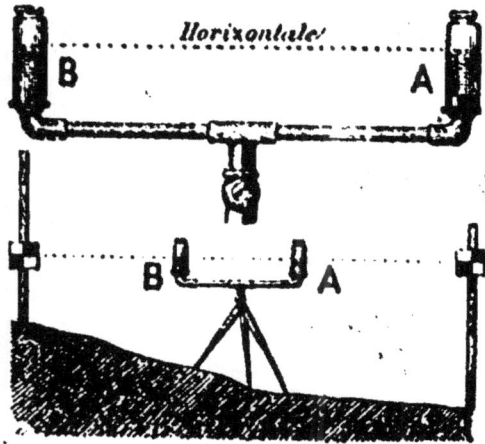

Fig. 370. — Niveau d'eau.

voir placé sur un lieu élevé. Quand on ouvre les robinets, l'eau s'écoule avec une force d'autant plus grande, que la différence de niveau avec le réservoir est plus considérable ; elle pourra s'élever sous sa propre pression jusqu'aux derniers étages, pourvu que le niveau de l'eau dans le réservoir soit supérieur aux maisons.

On obtiendra un *jet d'eau* en adaptant à une des conduites un tube vertical effilé ; l'eau jaillira avec force et à une hauteur d'autant plus grande que le niveau du réservoir sera plus élevé.

RÉSUMÉ

337. La surface d'un liquide en repos est toujours *horizontale*.

338. Dans plusieurs *vases communicants*, le niveau du liquide dans chacun d'eux est sur une même ligne horizontale.

339. Le *niveau d'eau*, la *distribution de l'eau* dans les villes sont des applications du principe des vases communicants.

DEVOIR. — *Décrivez un jet d'eau et montrez comment il fonctionne.*

68ᵉ LEÇON

PRINCIPE D'ARCHIMÈDE. — CORPS FLOTTANTS. BALLONS

340. Principe d'Archimède. — Quand nous cherchons à enfoncer un morceau de bois ou de liège dans l'eau, nous éprouvons une certaine résistance et le corps,

Fig. 371. — On sent la poussée du liquide quand on plonge la main dans l'eau.

Fig. 372. — Le bouchon remonte à la surface de l'eau.

abandonné à lui-même, au fond de l'eau, remonte à la surface. C'est **la pression** de *bas en haut* qu'exerce le liquide sur les corps qui y sont plongés qui produit cette résistance et fait remonter le corps.

On comprend que cette **pression** ou **poussée** de bas en haut *diminue* l'action de la pesanteur, et que le poids d'un corps soit moins grand dans l'eau que dans l'air. C'est ce que l'on constate d'ailleurs quand on cherche à remuer une pierre dans l'eau; on la soulève plus facilement dans l'eau que dans l'air.

341. Mesure de cette poussée. — En pesant successivement un corps dans l'air et dans l'eau, la différence des poids obtenus doit donner la mesure de cette poussée : *Elle est exactement égale au poids du volume d'eau déplacé par le corps.*

Ce principe a été découvert par Archimède et s'énonce ainsi : *Tous les corps plongés dans un liquide subissent une poussée de bas*

Fig. 373. — Le corps pesé dans l'eau subit une poussée ; l'équilibre est rompu.

en haut égale au poids du liquide déplacé.

342. Corps flottants. — Si cette pression est supérieure au poids du corps, le corps **flotte** (bois, liège) ; si elle est inférieure, le corps tombe au fond de l'eau (pierre, fer). Mais en donnant certaines formes au *même* poids d'un corps, on peut augmenter le volume d'eau déplacé et par conséquent la poussée, sans changer le poids ; c'est ce qui explique pourquoi une boîte en fer blanc peut flotter et comment on peut construire des bateaux avec des maté-

Fig. 374. — Un bateau chargé peut flotter parce qu'il déplace un grand volume d'eau.

riaux plus lourds que l'eau. *Le poids du volume d'eau déplacé est dans ce cas supérieur au poids du corps flottant.*

Quand un corps flotte, il s'enfonce de manière à déplacer un volume d'eau dont le poids est exactement égal au poids du corps.

343. Ballons. — Le même principe peut s'appliquer aux corps plongés dans l'air. Nous savons qu'un litre d'air pèse environ 1 gr. 3. Un corps plus léger que l'air, comme un ballon rempli d'hydrogène ou de gaz d'éclairage, doit *flotter*, c'est-à-dire s'élever dans l'air pour la même raison que les corps plus légers que l'eau flottent sur ce liquide.

Les premiers ballons étaient gonflés au moyen de l'air chaud; on se sert aujourd'huide l'hydrogène ou le plus souvent du gaz d'éclairage.

Fig. 375. — Ballon.

RÉSUMÉ

340. Un corps plongé dans un liquide subit une *poussée de bas en haut* égale au poids du liquide déplacé.

341. Le corps *flotte* si cette poussée est supérieure au poids du corps ; c'est ce qui a lieu pour les corps plus légers que l'eau.

342. On peut donner à certains corps plus lourds que l'eau une forme creuse qui leur fait déplacer une plus grande quantité d'eau et leur permet de flotter (boîte en fer blanc, bateau en fer).

343. C'est pour la même raison qu'un *ballon* gonflé avec un gaz plus léger que l'air s'élève dans l'air.

DEVOIR. — *Expliquez pourquoi les corps plus légers que l'eau peuvent flotter, et montrez comment les ballons peuvent s'élever dans les airs.*

❋ ❋ ❋

69e LEÇON

LES POMPES. — SIPHON. — PIPETTE

344. Les pompes. — Les pompes sont des appareils qui servent à élever l'eau d'un réservoir à un niveau supérieur. Il y en a de plusieurs sortes, mais toutes reposent sur le même principe : quand on *aspire* l'eau d'un vase au moyen d'un tube, nous avons vu que l'eau montait dans le tube, parce que la pression atmosphérique qui s'exerce extérieurement n'était plus contrebalancée par l'air du tube qui a été enlevé en partie.

Fig. 376. — L'eau *aspirée* monte dans le tube.

345. Pompe aspirante. — Dans la pompe aspirante

l'aspiration est produite au moyen d'un *piston* qui se meut dans un cylindre appelé corps de pompe; ce corps de pompe communique avec le réservoir ou puits par un tuyau. Quand le piston s'élève, l'air du tuyau d'aspiration pénètre dans le corps de pompe et, occupant un volume plus grand, sa pression diminue; l'eau monte par conséquent dans le tuyau.

Quand le piston s'abaisse, pour empêcher l'eau de retomber, une soupape qui s'ouvre de bas en haut *ferme* l'orifice du tuyau d'aspiration et empêche l'air extérieur de rentrer. — Une seconde

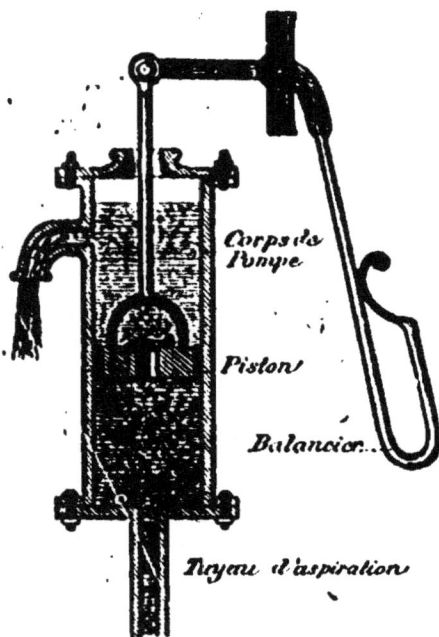

Fig. 377. — Pompe aspirante.

soupape, fermant une ouverture pratiquée dans le piston, s'ouvre également de bas en haut pour laisser échapper l'air du corps de pompe quand le piston s'abaisse, et l'eau du réservoir qui, après plusieurs coups de piston, va pénétrer dans le corps de pompe et s'écouler au dehors.

Comme l'élévation de l'eau dans le tuyau est produite par la pression atmosphérique, on comprend qu'on ne pourra élever l'eau qu'à une hauteur qui, *théoriquement,* ne doit pas dépasser 10^m,33, mais qui, dans la pratique, n'atteint que 8 ou 9 mètres.

346. Pompe aspirante et foulante. — Cette pompe remédie à cet inconvénient et peut élever l'eau à une plus grande hauteur. Ainsi que l'indique la figure 378, l'eau est d'abord aspirée dans le corps de pompe, comme dans la pompe aspirante, puis *refoulée*, au

Fig. 378.— Pompe aspirante et foulante.

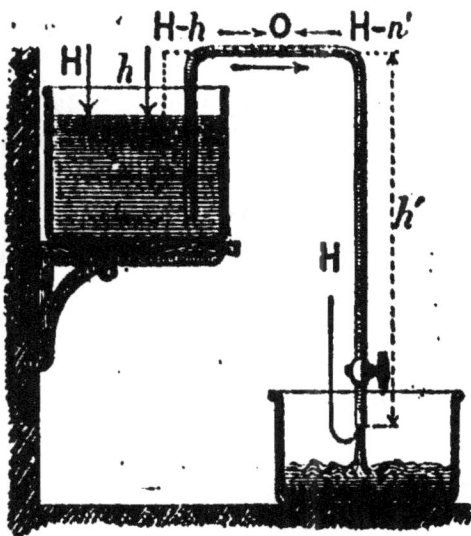

Fig. 379. — Siphon.
Le liquide s'écoule sous l'action de la pression atmosphérique.

moyen de l'abaissement du piston, dans un tuyau d'ascension. La hauteur à laquelle on peut élever l'eau est limitée par l'effort qu'il faut exercer sur le piston pour refouler l'eau.

347. Siphon et pipette. — Le *siphon*, qui est employé pour transvaser les liquides, et la *pipette*, qui sert à puiser du vin, du vinaigre, fonctionnent également sous l'action de la pression atmosphérique.

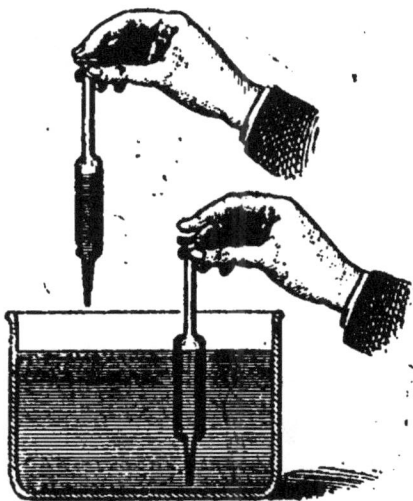

Fig. 380.— Pipette.—L'eau est maintenue par la pression de l'air.

RÉSUME

344. La *pompe aspirante* est un instrument avec lequel on *aspire* l'eau d'un réservoir. L'aspiration est produite au moyen d'un piston.

345. La pression atmosphérique peut faire monter l'eau jusqu'à une hauteur de 10^m,33 (en pratique, 8 ou 9 mètres).

346. Dans la pompe *foulante*, l'eau est refoulée à une plus grande hauteur au moyen d'un piston.

347. Le *siphon* et la *pipette* sont des instruments qui servent à transvaser les liquides et qui s'appuient sur la pression atmosphérique.

DEVOIR. — *Montrez le fonctionnement de la pompe aspirante et de la pompe aspirante et foulante.*

✳ ✳ ✳

70ᵉ LEÇON

MACHINES A VAPEUR

348. Force élastique de la vapeur d'eau. — La vapeur d'eau, comme les gaz, a une **force élastique** que l'on utilise dans les machines à vapeur pour produire le mouvement.

Prenons un tube contenant de l'eau et fermé par un bouchon. Si nous chauffons ce tube,

Fig. 381. — La force élastique de la vapeur d'eau chasse le bouchon.

l'eau ne tarde pas à se transformer en vapeur et le bouchon est violemment chassé par la vapeur d'eau produite. Nous avons remarqué en faisant bouillir l'eau d'une marmite que la vapeur s'échappe en soulevant le couvercle. A la température d'ébullition de l'eau, c'est-à-dire à 100°, *la force élastique de la vapeur d'eau est équivalente à la pression atmosphérique.*

Mais, si nous plaçons des poids sur le couvercle de la

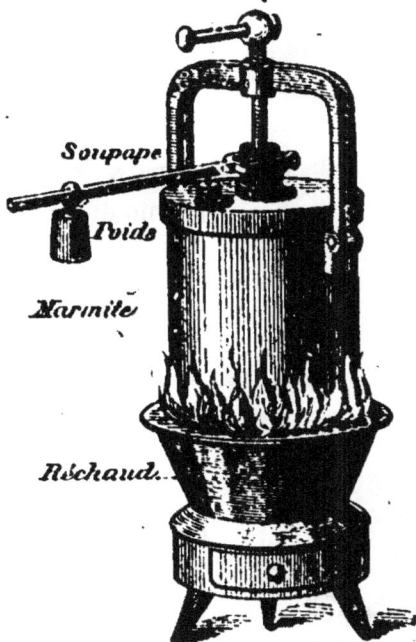

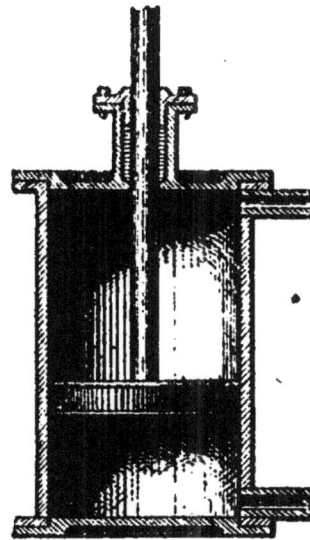

Fig. 382. — Marmite de Papin.
La force élastique de la vapeur d'eau augmente avec la température.

Fig. 383. — Piston et cylindre.

marmite, il faudra chauffer davantage pour que la vapeur puisse s'échapper ; à l'aide d'un thermomètre, nous pourrons constater que plus la température augmente plus les poids soulevés seront considérables : nous pouvons donc dire que *la force élastique de la vapeur d'eau augmente avec la température.*

349. Principe des machines à vapeur. — Une machine à vapeur comprend trois parties essentielles : la *chaudière* qui produit la vapeur, le *cylindre* où la vapeur

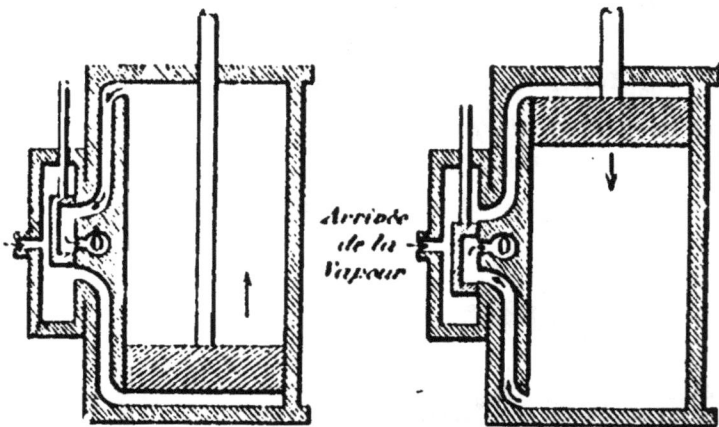

Fig. 384. — Distribution de la vapeur au moyen du tiroir.

A gauche, la vapeur arrive en dessous du piston et le fait monter. A droite, la vapeur arrive au dessus et le fait descendre; O, ouverture pour laisser échapper la vapeur.

produit le mouvement, les *organes de transmission*, bielle

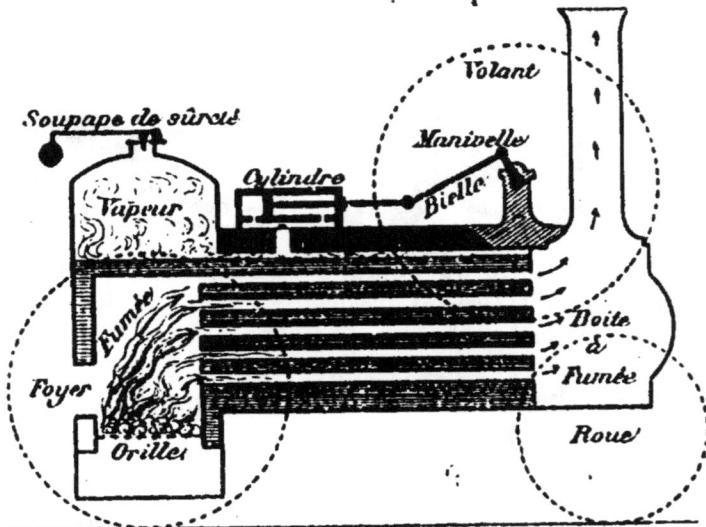

Fig. 385. — Figure théorique montrant les différents organes de la machine à vapeur.

volant, etc., qui transmettent le mouvement aux différents organes.

La vapeur produite par la chaudière arrive alternativement sur les deux faces d'un piston qui se meut librement dans un cylindre ; sous la *pression* de la vapeur, le piston subit un mouvement de va-et-vient qu'il communique, par une tige, aux différents organes de la machine.

La distribution de la vapeur sur les deux faces du piston est faite au moyen d'un *tiroir* placé sur le côté du cylindre. Ce tiroir, mû par la machine elle-même et renfermé dans une boîte où arrive la vapeur, ouvre ou ferme alternativement une ouverture donnant accès à la vapeur, à chaque extrémité du cylindre.

Le mouvement du piston est communiqué aux différents organes de la machine, roues de la locomotive, hélice des bateaux à vapeur, etc.

RÉSUMÉ

348. La vapeur d'eau a une *force élastique qui s'accroît avec la température* et que l'on utilise pour produire le mouvement dans les machines à vapeur.

349. La vapeur se forme dans la *chaudière*. Elle arrive alternativement sur les deux faces d'un *piston* qui se meut dans un *cylindre*. Ce piston subit un mouvement de va-et-vient qu'il transmet par une t'ge aux différents organes de la machine.

DEVOIR. — *Comment utilise-t-on la force élastique de la vapeur dans la machine à vapeur ?*

✳ ✳ ✳

71ᵉ LEÇON

ÉLECTRICITÉ. — ÉLECTRICITÉ ATMOSPHÉRIQUE. ORAGE. — PARATONNERRE

350. Les corps s'électrisent par le frottement.
— Quand on frotte certains corps, un bâton de résine ou

de cire à cacheter, un bâton de verre, avec un chiffon de laine, ils acquièrent la propriété d'attirer les corps légers. On appelle **électricité** la force développée ainsi sur ces corps et le corps frotté est dit *électrisé*.

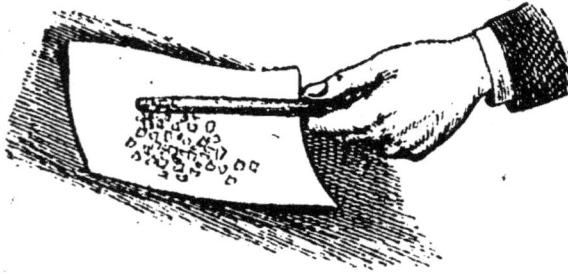

Fig. 386. — Les corps légers sont attirés par le bâton de cire électrisé.

351. Corps bons conducteurs et corps mauvais conducteurs. —

Tous les corps ne semblent pas au premier abord pouvoir être électrisés par le frottement. Ainsi, le fer, le cuivre, et en général les métaux ne s'électrisent pas quand on les frotte. Cependant si on a soin de les tenir *isolés* du sol par un support en verre, on peut les électriser eux aussi, comme les autres corps.

On les appelle *corps bons conducteurs,* parce qu'ils laissent s'échapper l'électricité développée sur eux ; les autres qui s'opposent au passage de l'électricité, sont des *corps mauvais conducteurs* de l'électricité.

352. Électrisation par influence. — Quand on approche d'un corps fortement électrisé un autre corps, ce dernier s'électrise à son tour et il se produit une *petite étincelle électrique* accompagnée d'un bruit sec, pendant que les deux corps se déchargent de leur électricité.

353. Électricité atmosphérique. — L'orage et les phénomènes qui l'accompagnent sont dus à l'électricité. En temps d'orage, les nuages sont chargés d'électricité. Quand ils se rapprochent, une étincelle jaillit, c'est l'*éclair;* et un bruit répercuté par l'écho se produit, c'est le *tonnerre.*

Le même fait se produit quand un nuage s'approche du sol : l'étincelle jaillit entre le nuage et le point du sol le plus rapproché. On dit que la foudre est tombée.

C'est ordinairement sur les lieux élevés, parce qu'ils sont plus rapprochés des nuages, que la foudre tombe ; aussi, en temps d'orage, il

Fig. 387. — L'éclair jaillit entre deux nuages chargés d'électricité, ou entre un nuage et le sol.

est dangereux de chercher un abri sous un arbre élevé.

354. Paratonnerre. — On préserve les édifices élevés et les monuments, en les surmontant d'un **paratonnerre**. Le paratonnerre, inventé par Franklin, se compose d'une tige en métal terminée par une pointe en platine et reliée au sol par une chaîne. Quand un nuage chargé d'électricité s'approche du paratonnerre, son électricité s'échappe par la pointe du paratonnerre et s'écoule dans le sol, sans causer de dégâts.

Fig. 388. — Paratonnerre.

N, nuages chargés d'électricité. — A, pointe du paratonnerre. — B, C, D, chaîne métallique qui conduit l'électricité dans le sol.

RESUMÉ.

351. Tous les corps s'*électrisent par le frottement;* seulement les uns conservent leur électricité, ce sont les *corps mauvais conducteurs;* les autres la laissent échapper, ce sont les *corps bons conducteurs.*

352. Quand deux corps électrisés se rapprochent; il jaillit une *étincelle* et il se produit un bruit sec.

353. L'*éclair* et le bruit du *tonnerre* sont dus à l'étincelle qui jaillit entre deux nuages fortement électrisés ou entre un nuage et le sol.

354. Le *paratonnerre,* en soutirant l'électricité du nuage, préserve les monuments de la foudre.

DEVOIR.— *Décrivez un orage et expliquez comment se produisent l'éclair et le bruit du tonnerre.*

✳ ✳ ✳

72ᵉ LEÇON

PILES, COURANT ÉLECTRIQUE. — AIMANTS ET ELECTRO-AIMANTS.

355. La pile. — Nous venons de voir que, par le frottement, certains corps donnent de l'électricité : on a construit des machines électriques basées sur ce principe.

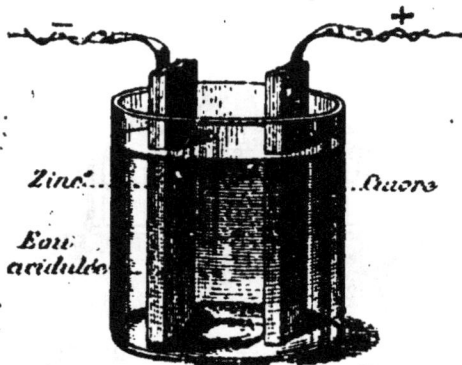

Fig. 389. — Une pile.

Mais il y a d'autres moyens de produire de l'électricité. Si l'on plonge deux lames, l'une de *zinc,* l'autre de *cuivre,* dans un vase contenant de l'eau additionnée d'un peu d'acide sulfurique, il se produit de l'électricité sur ces deux lames. Et si on les réunit par un fil métallique, il se produit dans le fil un mouvement d'électricité, d'une plaque à l'autre, qui constitue ce que l'on appelle un **courant électrique.**

L'appareil ainsi construit s'appelle une **pile.** Les deux plaques constituent les deux **pôles** de la pile.

356. Aimants. — On rencontre en Suède et en Norvège un minerai de fer qui jouit de la propriété d'attirer le fer, l'acier et quelques autres métaux. On donne le nom d'**aimants** aux corps doués de cette propriété.

Fig. 390. — Aimants.

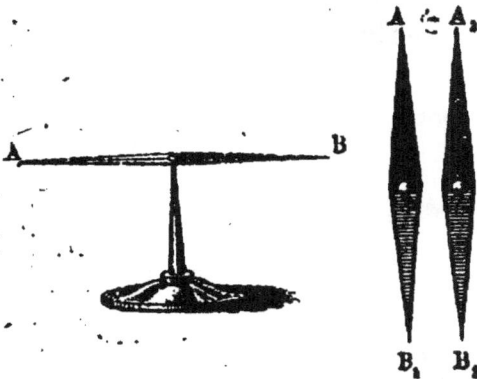

Par le frottement, ces aimants *naturels* communiquent leurs propriétés à un barreau d'acier : on peut construire ainsi des *aimants artificiels.*

357. Boussole. — Une aiguille d'acier aimantée, sus-

Fig. 391. — Aiguilles aimantées.
A et B, pôles de l'aiguille.

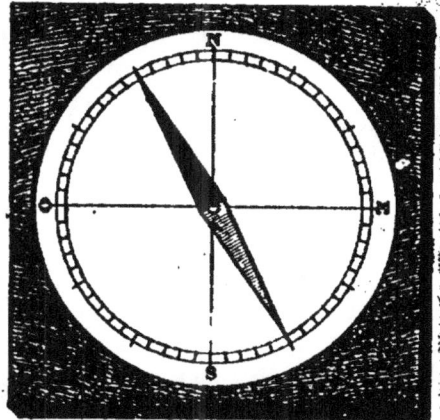

Fig. 392. — Boussole.

pendue en son milieu, a en outre la propriété de se *diriger vers le nord;* la **boussole** dont se servent les marins pour reconnaître leur route, n'est pas autre chose qu'une aiguille aimantée.

358. Électro-aimants.

— Voici maintenant un autre moyen de produire l'aimantation du fer ou de l'acier.

Si on enroule un fil autour d'un *barreau de fer doux* et que l'on fasse passer un courant électrique, le barreau s'aimante et devient capable d'attirer le fer; mais l'aimantation *cesse* aussitôt que le courant cesse lui-même; c'est là un **électro-aimant** dont nous verrons l'application dans la télégraphie électrique.

Un barreau d'acier s'aimante également sous l'action du courant électrique; mais l'aimantation persiste après le passage du courant, au lieu de disparaître instantanément comme dans le barreau de fer doux.

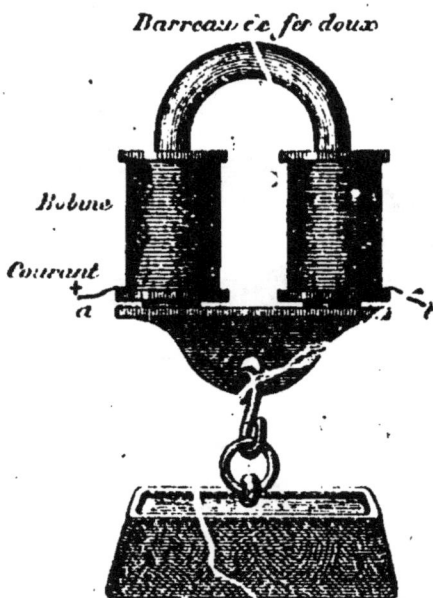

Fig. 393. — Un électro-aimant.

RÉSUMÉ

355. La *pile* est un appareil qui sert à produire de l'électricité. Cette électricité est recueillie dans un fil qui relie les deux pôles de la pile et forme un *courant électrique*.

356. Un *aimant* est un corps qui a la propriété d'attirer le fer; il y a des *aimants naturels* et des *aimants artificiels*.

357. La *boussole* est un instrument formé d'une aiguille aimantée montée sur un pivot et qui a la propriété de se diriger constamment vers le nord.

358. Quand on fait passer un courant dans un fil enroulé autour d'un barreau de fer doux, ce barreau s'aimante : on a un *électro-aimant.*

DEVOIR. — *Dites quelle est la propriété et quels sont les usages de la boussole.*

❊ ❊ ❊

73ᵉ LEÇON

APPLICATIONS DE L'ÉLECTRICITÉ

359. Applications. — L'électricité a aujourd'hui de nombreuses applications et elle entre de plus en plus dans les usages courants de la vie. Nous étudierons quelques-unes seulement de ses applications : l'éclairage électrique et la télégraphie électrique.

360. Éclairage électrique. — L'éclairage élec-trique est produit de deux façons : 1° au moyen de *lampes à arc;* 2° au moyen de *lampes à incandescence.*

Quand un fil électrique est parcouru par un courant d'une forte intensité, il s'é-chauffe et la chaleur est d'autant plus grande que le courant est plus fort et que le fil est plus fin. Si l'on rompt le circuit, en rappro-chant l'extrémité des deux fils, il jaillit une petite étin-celle électrique, c'est là le principe des lampes à arc.

Fig. 394. — Lampe à arc.

Deux charbons de cornue taillés en pointe sont rattachés

à un fil parcouru par un fort courant électrique : si on rapproche leurs extrémités, il jaillit une brillante étincelle appelée *arc voltaïque* qui donne une lumière continue pendant tout le temps que le courant passe.

361. Lampes à incandescence.

— Dans notre première expérience, si nous rétablissons le courant interrompu en reliant l'extrémité des deux fils par un fil très fin, ce fil s'échauffe, devient *incandescent* et *lumineux*. On l'enferme dans une ampoule en verre *vide d'air* pour l'empêcher de brûler en s'*oxydant*, au contact de l'oxygène.

Fig. 395. — Lampe à incandescence.

L'éclairage électrique exige de forts courants qui sont produits par des machines spéciales.

362. Télégraphie électrique.
— Le courant électrique peut franchir instantanément des distances considérables. Supposons dans une ville A un électro-aimant

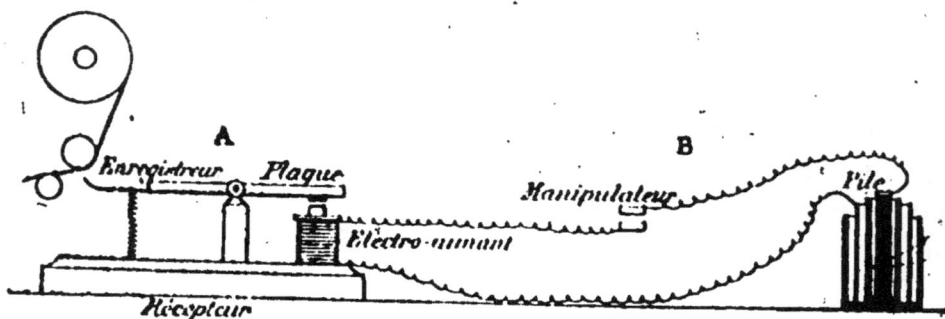

Fig. 396. — Principe du télégraphe électrique.

qui communique avec une pile située dans une autre ville B. En B on pourra à volonté établir ou rompre le courant électrique et par conséquent produire l'aimantation ou la désaimantation de l'électro-aimant. Si donc devant cet électro-aimant on place une plaque de fer maintenue par un ressort, la plaque sera attirée ou repoussée suivant que le courant passera ou sera interrompu. On aura ainsi instan-

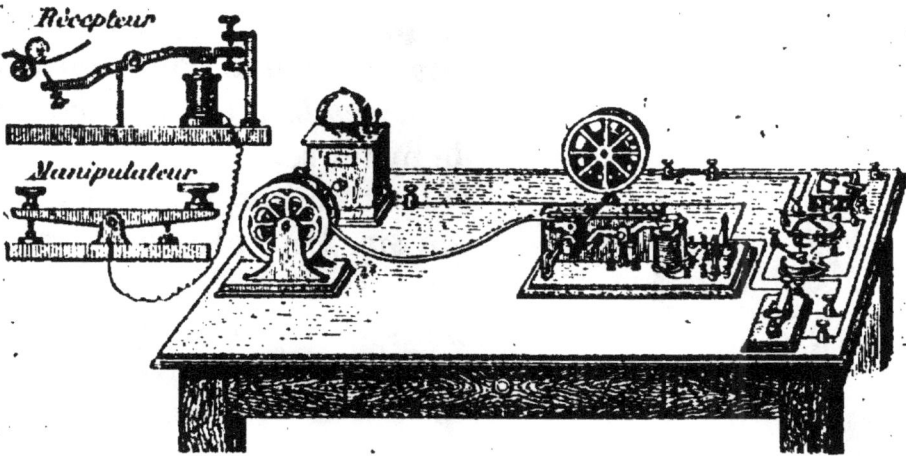

Fig. 397. — Télégraphe Morse.

tanément en A des mouvements provoqués en B par la marche ou la rupture à volonté du courant. Il sera facile de combiner ces mouvements et au moyen de signes conventionnels, points ou traits, d'établir un alphabet qui permettra de correspondre.

RÉSUME

360. L'éclairage électrique est produit au moyen des *lampes à arc* et des *lampes à incandescence.*

Dans les lampes à arc, la lumière est produite par l'étincelle qui jaillit entre deux charbons reliés à un fort courant électrique.

361. Dans les lampes à incandescence, la lumière est produite par l'incandescence d'un fil très fin parcouru par le courant.

362. Le *télégraphe électrique* se compose d'un *transmetteur* du courant et d'un *récepteur;* ce récepteur est un électro-aimant qui met en mouvement une plaque de fer doux pendant le passage du courant.

DEVOIR. — *Expliquez comment fonctionne le télégraphe électrique.*

LE SON

363. Comment le son est produit. —

Quand on fait vibrer une corde *fortement tendue*, ou une lame de métal serrée par l'une de ses extrémités, *il se produit un son*. Une cloche qui *résonne* subit aussi des **vibrations** que l'on peut mettre en évidence au moyen d'une petite balle suspendue le long des parois de la cloche.

Le son est donc produit par les **vibrations** *d'un corps.*

Dans les instruments de musique,

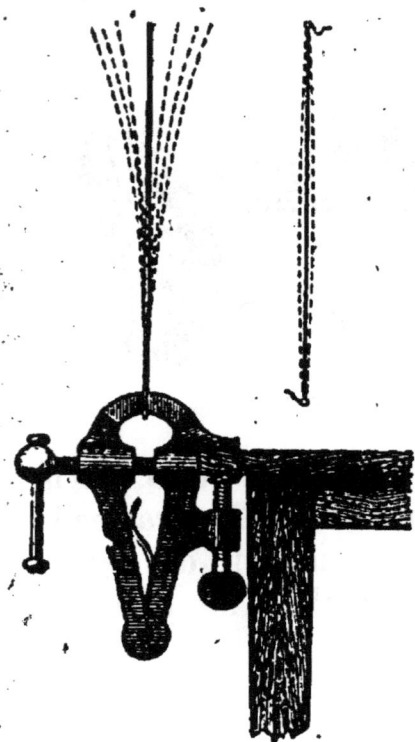

Fig. 398. — Une lame ou une corde qui *vibrent* produisent un son.

Fig. 399. — Les vibrations du verre sont mises en évidence par les mouvements de la bille.

le son est produit par les vibrations d'une corde (violon, harpe, piano), d'une membrane (tambour), ou de l'air qui circule dans des tuyaux (flûte, piston).

364. Comment le son se propage. —

Sous une cloche dans laquelle on a fait le *vide*, on peut faire fonctionner un timbre, l'oreille ne perçoit pas de son ; quand on s'élève en ballon, les sons deviennent de plus en plus faibles. C'est que *l'air est nécessaire à la transmission du son.* Les vibrations du corps sonore sont communiquées à l'air à travers lequel elles se propagent à la façon des ondes liquides qui se produisent quand on jette une pierre dans l'eau. Ces ondes sonores viennent frapper la membrane du tympan et l'impression est transmise au cerveau par le nerf acoustique.

Quand ces ondes rencontrent un obstacle, un mur par exemple, elles sont renvoyées et peuvent revenir à l'oreille qui perçoit alors successivement deux sons, l'un provenant des vibrations venues directement, l'autre, des vibrations réfléchies : c'est le phénomène de l'**écho**.

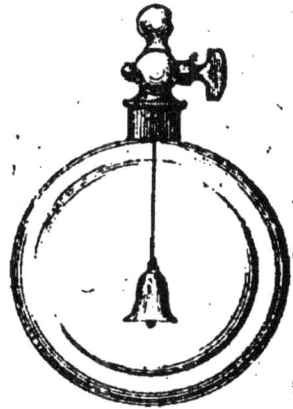

Fig. 400 — Dans une cloche vide d'air le son ne se propage pas.

Le son se propage également dans les liquides et dans les solides : on perçoit très distinctement à l'extrémité d'une poutre le bruit produit à l'autre extrémité par un grattement léger; en appuyant l'oreille sur le sol, on entend le bruit d'une voiture à plusieurs kilomètres.

365. Vitesse du son. — Les vibrations mettent un certain temps pour se propager du corps sonore à l'oreille de l'observateur. On n'*entend* la détonation éloignée d'une arme à feu qu'après avoir *vu* la fumée : le temps qui s'écoule entre ces deux moments est le temps que le son met à parcourir la distance qui nous sépare du chasseur. *La vitesse du son dans l'air est d'environ 340 mètres par seconde.* Elle est plus considérable dans les liquides et dans les solides.

366. Applications. — Certains appareils sont des applications du mode de production et de propagation du son.

Dans les *tuyaux* et dans les *cornets acoustiques*, les

vibrations sont recueillies et concentrées dans un espace limité (tuyau ou cornet) de manière à *renforcer* le son.

367. Phonographe. — Le phonographe *enregistre* et *reproduit* les sons. Supposons une plaque vibrante munie d'un petit stylet qui appuie légèrement sur un cylindre garni de papier d'étain ou recouvert de cire. Si l'on parle devant cette plaque, en même temps que le cylindre tourne et se déplace latéralement, le stylet, en suivant les vibrations de la plaque, produira sur le cylindre une trace plus ou moins profonde. Que l'on remette le cylindre en place, et qu'on le fasse tourner comme précédemment, la plaque entrera en vibration et reproduira les mêmes sons que ceux que l'on avait enregistrés.

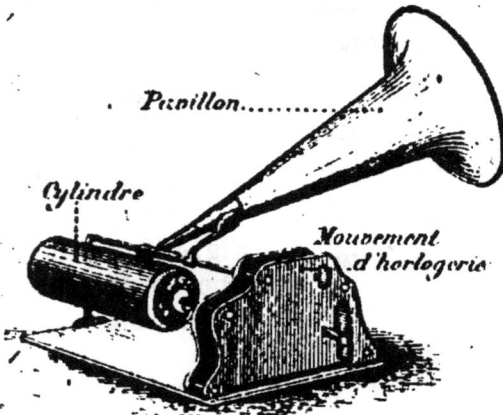

Fig. 401. — Un phonographe.

On amplifie les sons au moyen d'un cornet ou pavillon adapté à l'appareil.

368. Téléphone. — Le téléphone permet de trans-

Fig. 402. — Principe du téléphone.

mettre les sons à une grande distance, et à deux personnes éloignées de converser.

Sous sa forme la plus simple, le téléphone se compose de deux plaques vibrantes reliées par un fil parcouru par un courant électrique. Quand on parle devant l'une de ces plaques, les vibrations modifient l'*intensité* du courant et sont transmises avec une grande sensibilité à l'autre plaque qui reproduit ces vibrations. En approchant l'oreille de cette dernière plaque, les sons sont perçus distinctement.

Le téléphone comprend un appareil *transmetteur* et un appareil *récepteur*.

Fig. 403. — Un poste téléphonique.

RÉSUMÉ

363. Le son est produit par les *vibrations* d'un corps.

364. Le son se *propage* à travers l'air en produisant des *ondes sonores* qui viennent frapper l'oreille. Il se propage également dans les liquides et dans les solides.

365. La *vitesse* du son dans l'air est de 340 mètres par seconde.

367. Le *phonographe* est un appareil qui sert à *enregistrer* et à *reproduire* les sons.

368. Le *téléphone transmet* les sons à une grande distance et permet à deux personnes éloignées de converser.

✳ ✳ ✳

75ᵉ LEÇON

LA LUMIÈRE. — RÉFLEXION ET RÉFRACTION

369. Production et propagation de la lumière. — La lumière, pendant le jour, nous vient du soleil ; pen dant la nuit, c'est au moyen de la combustion de certains corps ou par la lumière électrique qu'on supplée à la lumière solaire (voir leçon 14, *Éclairage*).

Les corps lumineux émettent des rayons dans toutes les directions; quelques-uns de ces rayons viennent frapper notre œil et l'impressionner; d'autres vont frapper les corps qui nous entourent; ils les *éclairent* et les rendent *visibles*.

Fig. 404. — La lumière se propage en ligne droite.

Les rayons lumineux vont en ligne droite, ainsi que nous pouvons le voir quand un rayon de soleil traverse une chambre obscure, en passant par la fente d'un volet.

370. Réflexion des rayons lumineux. — Si l'on reçoit sur une glace polie un rayon de soleil, il est renvoyé ou *réfléchi* et va former une tache lumineuse qui se déplace suivant l'inclinaison du miroir. En faisant cette expérience dans la chambre obscure, on peut suivre la trace lumineuse du rayon *direct* arrivant sur la glace et du rayon *réfléchi*, et on peut constater que ce rayon est renvoyé en formant avec la

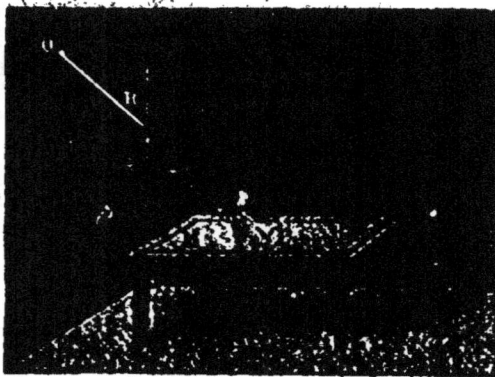

Fig. 405. — Réflexion de la lumière.

Le rayon OP est réfléchi sur le miroir M suivant PA en faisant un angle BPA égal à l'angle OPB.

glace un angle égal à celui que le rayon direct forme lui-même avec la glace.

371. Miroirs. — Cette loi de la réflexion de la lumière nous explique comment les miroirs reproduisent l'image des objets placés devant eux. Supposons une bougie allumée placée devant un miroir; elle émet des rayons lumineux dont quelques-uns vont frapper le miroir. — Ils sont réfléchis suivant la loi que nous avons indiquée et

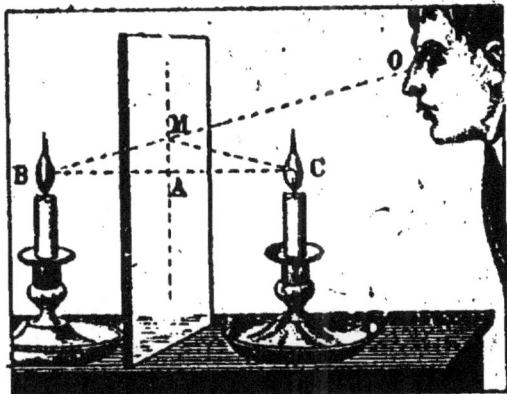

Fig. 406. — Miroir

Le rayon CM se réfléchit suivant MO et l'œil voit en B l'image de la bougie C.

parmi eux, ceux qui viennent frapper notre œil nous font apercevoir la bougie comme si elle était placée dans le prolongement de ces rayons, c'est-à-dire derrière le miroir et dans une position *symétrique*.

372. Réfraction. — Un bâton plongé dans l'eau nous paraît brisé, une cuiller plongée dans un verre d'eau nous paraît déformée; l'extrémité du bâton nous paraît relevée. Ce phénomène est dû à la déviation que subissent les rayons lumineux quand ils changent de

Fig. 407. — Le bâton paraît brisé dans l'eau parce que l'œil voit en A les rayons qui viennent du point B.

milieu, en passant de l'air dans l'eau, par exemple ; c'est ce que l'on appelle la **réfraction**.

373. Lentilles. — Les lentilles sont des instruments dans lesquels on utilise cette propriété. Les unes dites *lentilles convergentes* sont formées d'une lame de verre ou de cristal plus épaisse au milieu que sur les bords ;

Fig. 408. — Une lentille convergente concentre les rayons du soleil (*chaleur et lumière*).

elles ont la propriété de rapprocher les rayons lumineux ; les autres, dites *lentilles divergentes*, sont au contraire plus minces au milieu que sur les bords, elles écartent les rayons lumineux.

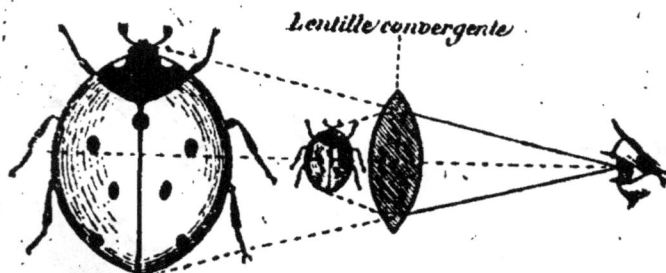

Lentille convergente

Fig. 409. — La loupe grossit les objets.

La loupe qui sert à grossir les objets, est une lentille convergente.

RÉSUMÉ

369. La lumière qui nous vient du soleil ou des corps lumineux se propage en ligne droite.

370-371. Quand un rayon lumineux vient frapper une surface polie, il est *réfléchi*. Ce sont les rayons réfléchis provenant d'un objet.

placé devant un miroir qui nous font apercevoir l'image de cet objet derrière le miroir.

372. En passant d'un milieu dans un autre, le rayon lumineux subit une *déviation* ou *réfraction*.

373. Les *lentilles* sont des milieux transparents (verre ou cristal) qui réfractent les rayons lumineux : elles sont *convergentes* ou *divergentes*.

DEVOIR. — *Qu'appelle-t-on réfraction? Quelle est la propriété des lentilles?*

TABLE DES MATIÈRES

PREMIÈRE PARTIE

SCIENCES PHYSIQUES

DEUXIÈME PARTIE

L'HOMME ET LES ANIMAUX

TROISIÈME PARTIE

LES VÉGÉTAUX

QUATRIÈME PARTIE

APPLICATIONS INDUSTRIELLES

CINQUIÈME PARTIE

COMPLÉMENTS DE PHYSIQUE

TYPOGRAPHIE FIRMIN-DIDOT ET Cᵉ. — MESNIL (EURE).

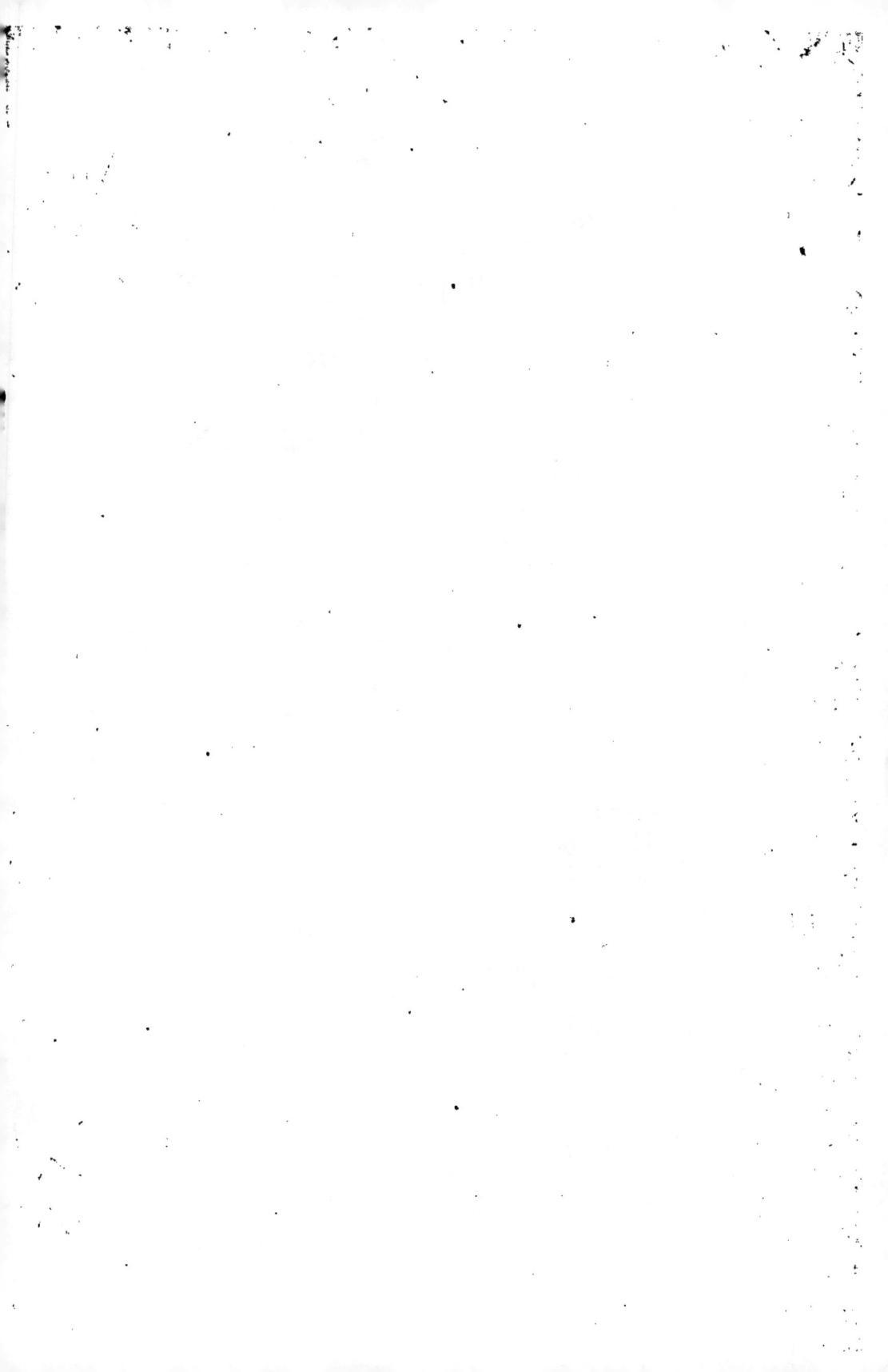

Librairie HATIER, 8, Rue d'Assas, PARIS

Nouveauté   *Nouveauté*

GÉOGRAPHIE

COURS MOYEN · CERTIFICAT D'ÉTUDES

CLASSE DE 7ᵉ DES LYCÉES ET COLLÈGES

par P. KAEPPELIN

Docteur ès-lettres, Professeur agrégé d'Histoire et de Géographie

AVEC LA COLLABORATION

de MM. JOSSERAND et DÉLÉAGE

Inspecteurs de l'Enseignement primaire.

~~~~~~~~~~

La France et ses Colonies

Les cinq parties du Monde

5o Cartes en couleur - 51 Figures

Un volume in-4º carré, 72 pages, cartonné.   **1 fr. 60**

~~~~~~~~~~

Ce nouveau **Cours de Géographie** a été inspiré par la double préoccupation :

1º D'introduire dans l'enseignement primaire la méthode d'explication raisonnée qui constitue vraiment la géographie.

2º De faciliter de toutes façons la tâche du maître et le travail de l'élève.

Sur le premier point, on s'est efforcé de faire comprendre la cause des caractères physiques ou de l'activité économique de tel ou tel pays.

Sur le second point, on a tenu à mettre toujours le texte de la leçon en regard de la carte correspondante.

Chaque lecture est accompagnée d'une illustration qu'y s'y rapporte : le texte et la gravure se complètent ainsi l'un l'autre ; le premier devient plus attrayant, la seconde plus instructive.

Les cartes ont été l'objet de soins tout particuliers : on s'est appliqué à représenter graphiquement par le trait, la lettre ou la couleur, toutes les notions géographiques indiquées dans le texte et à faire des cartes à la fois claires, intéressantes et faciles à consulter.

Enfin l'auteur s'est attaché, dans la mesure du possible, à faire à la géographie régionale la plus large part.

~~~~~~~~~~

Envoi *franco*, sur demande, du Prospectus spécimen.